westermann

Jürgen Kaese, Dr. Uwe Kirschberg, Lutz Langanke, Robert Reitberger, Karl-Georg Schmid,
Günter Sokele, Günther Tiedt

Metalltechnik

Fachwissen
Arbeitsaufträge
Lernfelder 5–9

4. Auflage

Bestellnummer 231279

Bildquellenverzeichnis

|Di Gaspare, Michele (Bild und Technik Agentur für technische Grafik und Visualisierung), Bergheim: 6, 7, 17, 22, 27, 28, 32, 34, 38, 56, 69, 89, 99, 100. |stock.adobe.com, Dublin: chiradech Titel; industrieblick Titel; Nestor Titel; sorapolujjin Titel.

Wir arbeiten sehr sorgfältig daran, für alle verwendeten Abbildungen die Rechteinhaberinnen und Rechteinhaber zu ermitteln. Sollte uns dies im Einzelfall nicht vollständig gelungen sein, werden berechtigte Ansprüche selbstverständlich im Rahmen der üblichen Vereinbarungen abgegolten.

service@westermann.de
www.westermann.de

Bildungshaus Schulbuchverlage Westermann Schroedel Diesterweg Schöningh Winklers GmbH,
Postfach 33 20, 38023 Braunschweig

ISBN 978-3-14-**231279**-8

westermann GRUPPE

Inhaltsverzeichnis / table of contents

Lernfeld 8 FERTIGEN AUF NUMERISCH GESTEUERTEN WERKZEUGMASCHINEN	**PRODUCING ON COMPUTERIZED NUMERICAL CONTROLLED MACHINE TOOLS**
EXZENTERPRESSE	**ECCENTRIC PRESS**
Gesamtauftrag	**Total job order**
Drehen der Welle:	**Turning of the shaft:**
8.1 Analysieren der technischen Unterlagen	8.1 Analysing of technical documents
8.2 Bestimmen der Arbeitswerte für die Erstellung des Arbeitsplans	8.2 Determining parameters for the compiling of the job plan
8.3 Erstellen eines Arbeitsplans für das CNC-Drehen	8.3 Compiling of the job plan for CNC turning
8.4 Bestimmen der Werte zur Erstellung des CNC-Drehprogramms	8.4 Determining parameters for the compiling of the CNC turning program
8.5 Erstellen des CNC-Drehprogramms	8.5 Compiling the CNC turning program
8.6 Erstellen des Prüfplans	8.6 Compiling the test plan
Fräsen der Exzenterwellenlagerung:	**Milling of the eccentric shaft bearing:**
8.7 Erstellen einer CNC-gerechten Bemaßung	8.7 Preparing a CNC confirm dimensioning
8.8 Auswahl der Werkzeuge	8.8 Selection of tools
8.9 Festlegen der Spannmittel und Erstellen eines Spannplans	8.9 Determining tensioning elements and compiling a tensioning plan
8.10 Erstellen eines Arbeitsplans für das CNC-Fräsen	8.10 Compiling a job plan for CNC milling
8.11 Erarbeiten des CNC-Fräsprogramms	8.11 Developing the CNC milling program
8.12 Prüfen der Exzenterwellenlagerung	8.12 Inspecting the eccentric shaft bearing

Lernfeld 9 INSTANDSETZEN VON TECHNISCHEN SYSTEMEN	**REPAIR OF TECHNICAL SYSTEMS**
SCHWENKEINRICHTUNG	**SWIVEL DEVICE**
Gesamtauftrag	**Total job order**
9.1 Analysieren der technischen Unterlagen	9.1 Analysing of technical documents
9.2 Fehlersuche in der Anlage	9.2 Error diagnostics of the unit
9.3 Analysieren der technischen Unterlagen des Schwenkzylinders	9.3 Analysing of technical documents of the swivel cylinder
9.4 Instandsetzen der Schwenkeinrichtung	9.4 Repair of the swivel device
9.5 Einbauen und Inbetriebnehmen der Schwenkeinrichtung	9.5 Assembly and start-up of the swivel device

UMLENKECKE

Lernfeld **5**

Verwendung

Die Umlenkecke ist in einer Förderstrecke eingebaut. Verpackungen werden von einem Transportband auf ein anderes verschoben. Beide Bänder befinden sich auf gleicher Höhe im Winkel von 90° zueinander.

Gesamtauftrag

Nach Umstellung und Neustrukturierung der Produktion soll die Förderstrecke erweitert werden. Dazu ist eine weitere Umlenkecke in die Anlage zu integrieren. Diese Umlenkecke soll nach dem Muster der bereits vorhandenen gefertigt werden. Es sollen möglichst viele Normteile verwendet werden, um die Herstellungskosten gering zu halten.

Für die Fertigung stehen die Gesamtzeichnung und die dazugehörende Stückliste sowie die Einzelteilzeichnungen zur Verfügung.

Arbeitsaufträge

Zur Erfüllung des Gesamtauftrages sind folgende Einzelaufträge auszuführen:

5.1 Analysieren der Gesamtzeichnung und der Stückliste

Drehen der Welle

5.2 Analysieren der Einzelteilzeichnung Welle

5.3 Fertigen einer Welle

5.4 Prüfen der Fertigmaße der Welle

Fräsen des Grundkörpers

5.5 Analysieren der Einzelteilzeichnung Grundkörper

5.6 Fertigen des Grundkörpers

5.7 Prüfen der Fertigmaße des Grundkörpers

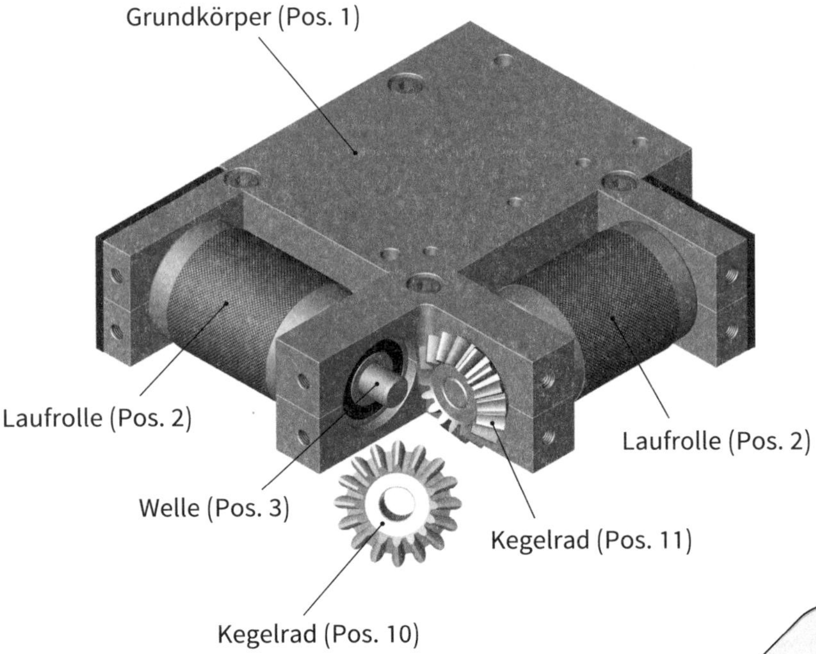
Grundkörper (Pos. 1)
Laufrolle (Pos. 2)
Laufrolle (Pos. 2)
Welle (Pos. 3)
Kegelrad (Pos. 11)
Kegelrad (Pos. 10)

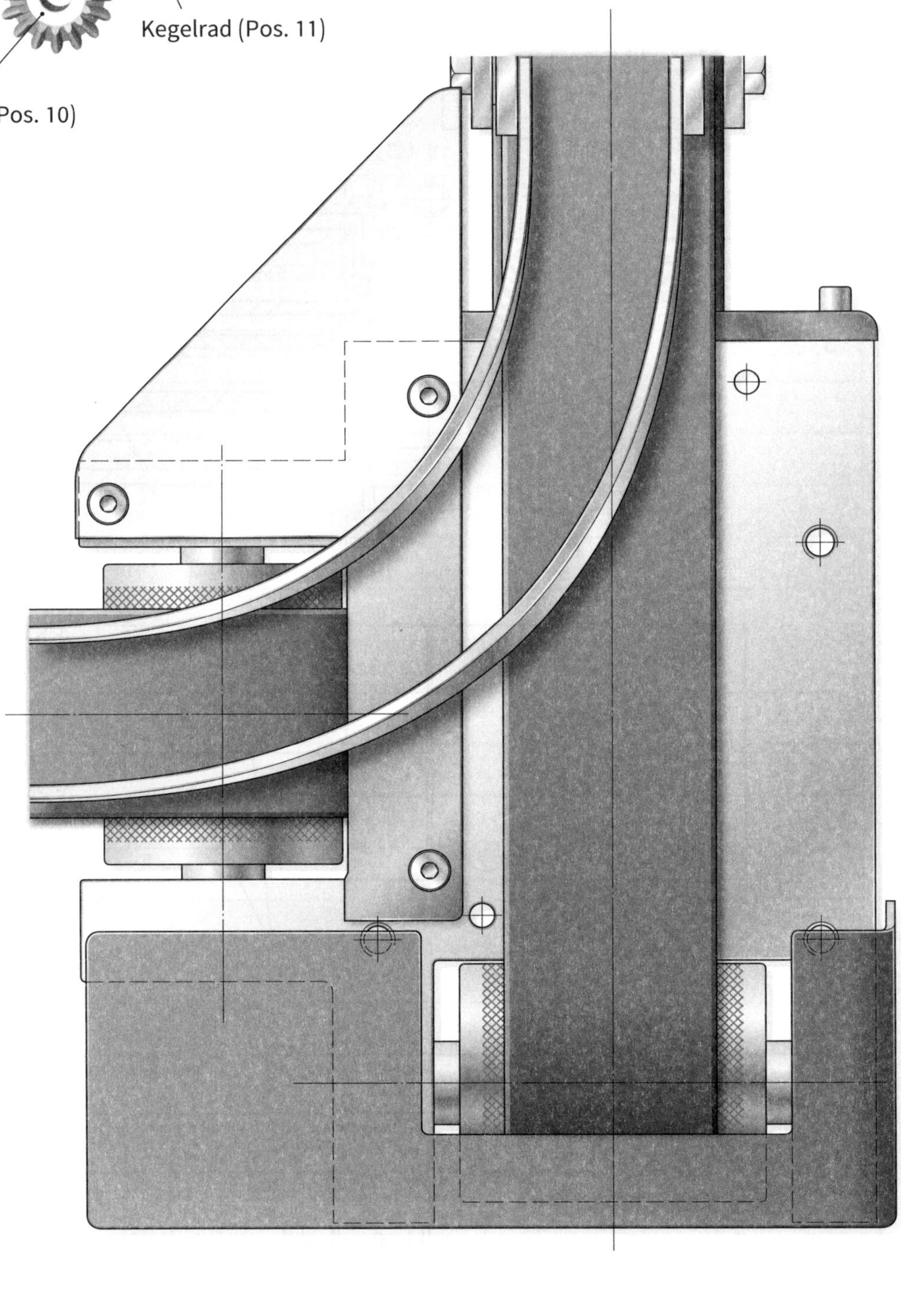

Analysieren der Geamtzeichnung und der Stückliste

1. Die Gesamtzeichnung der Umlenkecke und die dazugehörige Stückliste liegen vor.

   Beschreiben Sie anhand dieser Unterlagen den Aufbau und die Funktion der Umlenkecke. Präsentieren Sie Ihr Ergebnis z. B. vor einer Arbeitsgruppe.

Name	Klasse	Datum

5.1 Notizen

Name Klasse Datum

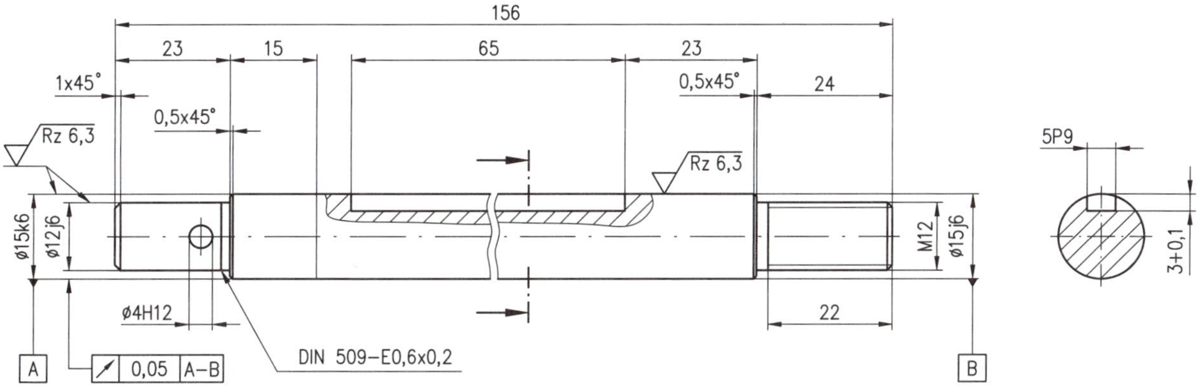

Rz 25 (Rz 6,3)

Rd EN 10060 – 18x160
Stahl EN 10083 – C45E

Allgemeintoleranzen
ISO 2768–m

Oberflächen
ISO 1302

Zeichnung nicht maßstäblich

Verantwortl. Abt.	Technische Referenz	Erstellt durch	Genehmigt von

westermann	Dokumentenart	Dokumentenstatus
	Titel, Zusätzlicher Titel Welle	23 – 1242 – 04
		Änd. | Ausgabedatum 21.06.2017 | Spr. de | Blatt 1/1

Name Klasse Datum

5.2 Analysieren der Einzelteilzeichnung der Welle (Pos. 4)

1. In der Zeichnung ist für die Welle ein Halbzeug angegeben. Erläutern Sie die Bezeichnung.

2. In der Zeichnung ist das Symbol 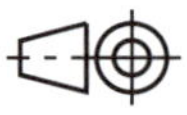 angegeben. Welche Bedeutung hat dieses Symbol? Erläutern Sie die verschiedenen Projektionsmethoden.

3. In der Zeichnung und in der Darstellung der Welle sind Hinweise für die zulässigen Toleranzen und die Oberflächengüten gegeben. Welche Auswirkungen haben diese Angaben für die Fertigung?

4. In der Zeichnung sind Maße mit der Angabe von ISO-Toleranzen versehen. Ermitteln Sie für die einzelnen Maße das obere Abmaß, das untere Abmaß und das Höchstmaß sowie das Mindestmaß.

Maß in mm	ISO-Tol.	oberes Abmaß *es* bzw. *ES* in µm	unteres Abmaß *ei* bzw. *EI* in µm	Höchstmaß G_o in mm	Mindestmaß G_u in mm
12					
15					
15					
5					

Name	Klasse	Datum

5. Für das Fügen eines Spannstiftes ist eine Bohrung vorgesehen.
   a) Erläutern Sie die Bezeichnung.
   b) Welches Maß muss die Aufnahmebohrung in der Welle haben?
   c) Wodurch wird der feste Sitz des Stiftes in der Bohrung erreicht?

6. An einem Wellenende ist ein Freistich vorgesehen.
   a) Fertigen Sie eine Skizze von diesem Freistich und erläutern Sie daran die Bezeichnung Freistich DIN 509 – E 0,6 x 0,2.
   b) Welche Funktion hat der Freistich?
   c) Wodurch unterscheidet sich der Freistich Form E von dem Freistich Form F?

7. Die Passfedernut ist in der Vorderansicht und in einem Schnitt bemaßt.
   a) Welche Maße hat die Nut?
   b) Wie ist die Passfedernut zu bemaßen, wenn man auf den Schnitt verzichten will?

8. Die Bemaßung des Längenmaßes 15 endet an einer dünnen Volllinie in der Welle. Erläutern Sie die Aussage dieser Bemaßung.

Name	Klasse	Datum

5.2 Notizen

Name	Klasse	Datum

Fertigen der Welle (Pos. 4)

1. Vor Beginn der Dreharbeiten sind die Rohmaße zu prüfen. Wählen Sie dazu geeignete Messwerkzeuge aus.

2. An der Welle sind folgende Bearbeitungsformen herzustellen. Geben Sie die Fertigungsverfahren zur Herstellung der jeweiligen Form an.

Bearbeitungsform	**Fertigungsverfahren**
linke Planfläche	
linker Wellenabsatz	
Fase	
Freistich	
Welle Ø15 mm	
rechter Wellenabsatz	
Gewinde	
rechte Planfläche	
Passfedernut	
Bohrung für Spannstift	

3. Bei der Vorbereitung der Dreharbeiten wird entschieden, zusätzlich an der Stirnfläche der Welle (Pos. 4) eine Zentrierbohrung zu fertigen. Begründen Sie diese Entscheidung.

Name	Klasse	Datum

5.3 Fertigen der Welle (Pos. 4)

4. Man hat sich für Zentrierbohrungen der Form A entschieden, die am fertigen Werkstück verbleiben können. Ermitteln Sie die Maße für die Zentrierbohrungen und stellen Sie in einer Handskizze eine Zentrierbohrung in vereinfachter Darstellung dar.

5. Beschreiben Sie, wie die Zentrierbohrung gefertigt wird.

6. Die Stirnfläche Ø12 mm wird plangedreht. Wählen Sie ein geeignetes Werkzeug aus Stahl mit aufgelöteter Hartmetallplatte nach DIN 4982 und ermitteln Sie die Arbeitswerte.

7. Wählen Sie für das Runddrehen des Wellenabsatzes Ø12 mm einen geeigneten Drehmeißel.

Name	Klasse	Datum

8. Sie haben sich entschieden, das Gewinde M12 am Wellenabsatz mit dem Schneideisen von Hand zu schneiden. Welche vorbereitenden Arbeiten sind hierfür auf der Drehmaschine durchzuführen?

9. Beschreiben Sie die Fertigung der Welle auf den Durchmesser d = 15 mm mit den geforderten Toleranzen, wählen Sie die geeigneten Spannzeuge und Werkzeuge und bestimmen Sie die Arbeitswerte.

Maß	f in mm	a_p in mm	v_c in m/min	n in 1/min

Name	Klasse	Datum

5.3 Fertigen der Welle (Pos. 4)

10. Erstellen Sie für das Drehen der Welle (Pos. 4) einen Arbeitsplan (ohne Gewinde, Bohrung und Passfedernut).

westermann	Arbeitsplan	Blatt-Nr. 1	Anzahl 1
Lfd. Nr.	Arbeitsvorgang	Arbeitsmittel	Arbeitswerte/ Bemerkungen

Name	Klasse	Datum

Prüfen der Welle (Pos. 4)

1. Nach dem Drehen sind die Fertigmaße zu prüfen. Ermitteln Sie die Grenzabmaße und wählen Sie zur Überprüfung der einzelnen Maße geeignete Prüfgeräte aus.

Maß in mm	Grenzabmaße in mm	Prüfgerät	Ablesegenauigkeit
Gesamtlänge 156			
linkes Wellenende 23			
rechtes Wellenende 24			
Durchmesser 15k6			
Durchmesser 15j6			

2. In der Zeichnung ist eine Oberflächenrauheit von Rz = 25 und Rz = 6,3 angegeben. Beschreiben Sie die Prüfung der Oberflächenrauheit.

3. Sie stellen bei der Prüfung fest, dass einige Messergebnisse von den Vorgaben abweichen. Ist die Welle noch verwendbar?

4. Der Wellenzapfen ist mit einer Rundlauftoleranz versehen. Welche Funktion hat diese Toleranz und beschreiben Sie die Rundlaufprüfung.

Name	Klasse	Datum

5.4 Notizen

Name	Klasse	Datum

Einzelteilzeichnung des Grundkörpers (Pos. 1)

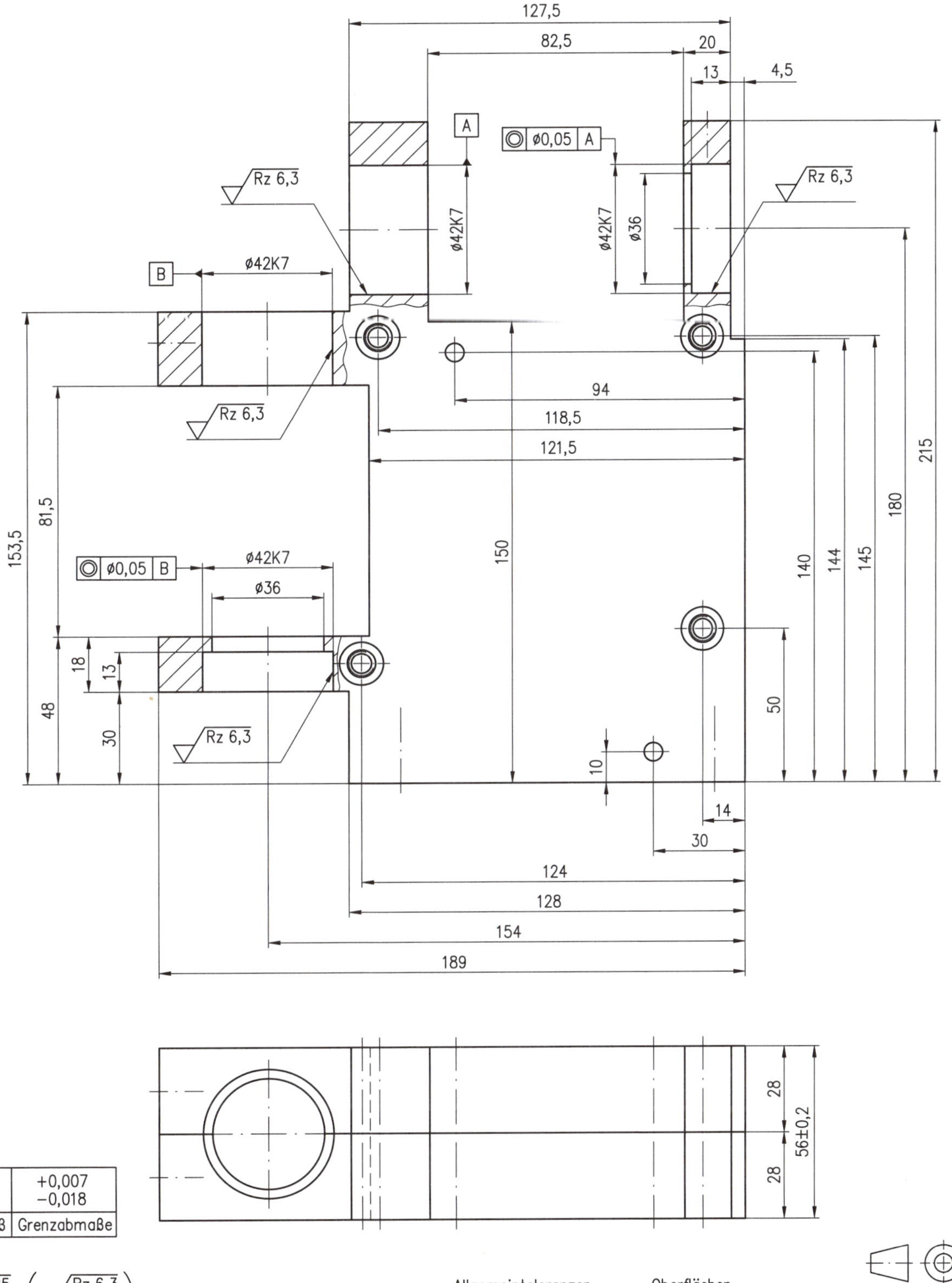

42K7	+0,007 −0,018
Passmaß	Grenzabmaße

√Rz 25 (√Rz 6,3)   EN AW-2017 A [AlCu4MgSi(A)]

Allgemeintoleranzen ISO 2768-m

Oberflächen ISO 1302

Zeichnung nicht maßstäblich

Verantwortl. Abt.	Technische Referenz	Erstellt durch	Genehmigt von	

westermann	Dokumentenart	Dokumentenstatus
	Titel, Zusätzlicher Titel Grundkörper	23 – 1242 – 01 A
		Änd. | Ausgabedatum 21.06.2017 | Spr. de | Blatt 1/1

Name   Klasse   Datum

5.5 Analysieren der Einzelteilzeichnung des Grundkörpers (Pos. 1)

1. Der Grundkörper der Umlenkecke ist aus zwei Rechteckprofilen zusammengesetzt. Geben Sie hierfür einen möglichen Grund an.

2. Alle Außenkanten des Grundkörpers sollen um 0,5 mm abgetragen werden.
   Geben Sie hierfür das entsprechende Symbol an.

3. Die Senkung für die Zylinderschraube M8 ist nach DIN 974 zu fertigen. Bestimmen Sie hierfür folgende Angaben:

Senkdurchmesser d_1:	Durchgangsloch d_h:	Senktiefe t:

4. Zur genauen Positionierung der beiden Rechteckprofile kommen Kegelstifte zum Einsatz. Nennen Sie Vor- und Nachteile einer Kegelstiftverbindung gegenüber einer Zylinderstiftverbindung.

5. Warum sind die Bohrungen für die Lagersitze Ø 42 K7 mit einer Lagetoleranz versehen?

6. Erklären Sie die Lagetoleranz.

Name	Klasse	Datum

Fertigen des Grundkörpers (Pos. 1)

1. Geben Sie die Werkstoffhauptgruppe und die chemische Zusammensetzung des Werkstoffes an. Aus welchem Werkstoff besteht der Grundkörper der Umlaufecke?

2. Für die Bearbeitung des Grundkörpers kommen Wendeschneidplatten aus Hartmetall zum Einsatz. Wählen Sie hierfür einen geeigneten Schneidstoff aus.

3. Geben Sie die zulässigen Schnittwerte für die Bearbeitung des Grundkörpers mit Wendeschneidplatten aus Hartmetall an:

Schnittgeschwindigkeit v_c:	Vorschub je Zahn f_z:	Schnitttiefe a_p:

4. Bestimmen Sie für das Fräsen der Stirnflächen mit einem Walzenstirnfräser Ø 40 mm und einer Zähnezahl $z = 3$ aus HW K10 die Drehfrequenz n und die Vorschubgeschwindigkeit v_f.

5. Für das Planfräsen der Ober- und Unterseite der Grundplatten stehen Ihnen ein Maschinenschraubstock oder Niederzugspanner zur Verfügung. Stellen Sie die Vor- und die Nachteile beider Spannmöglichkeiten gegenüber und entscheiden Sie sich für eine.

	Maschinenschraubstock	**Niederzugspanner**
Vor-teile		
Nach-teile		

Auswahl:

Name	Klasse	Datum

5.6 Fertigen des Grundkörpers (Pos. 1)

6. Die beiden Rechteckprofile sollen auf das Maß 215 x 189 x 28 mm gefräst werden. Es sind alle Seiten zu bearbeiten. Anschließend sollen die Gewinde- und Kegelstiftbohrungen für die Verbindung beider Rechteckprofile hergestellt werden. Die Senkungen für die Zylinderschrauben M8 sind mit einem Stufenbohrer zu fertigen.

   Erstellen Sie hierfür einen Arbeitsplan.

Lfd. Nr.	Arbeitsvorgang	Arbeitsmittel	Arbeitswerte/ Bemerkungen
1	Rechteckprofil spannen	Maschinenschraubstock	

Name | Klasse | Datum

7. Für die weitere Herstellung des Grundkörpers bekommen Sie von einem Kollegen den Tipp, zuerst die Bohrungen für die Lagersitze herzustellen und dann die Aussparungen zu fräsen. Nehmen Sie zu dieser Aussage Stellung.

8. Die Lagerbohrungen werden mit einem Bohrer (Ø 36 mm) mit Wendeschneidplatten vorgefertigt. Geben Sie für diese Bohrerart das Verhältnis aus maximaler Bohrtiefe und Bohrerdurchmesser an.

9. Zum Aufbohren des Lagersitzes Ø 42 K7 wird ein verstellbarer Doppelschneider verwendet. Der Doppelschneider ist auf den Durchmesser Ø 41,5 mm einzustellen. Beschreiben Sie den Einstellvorgang.

10. Nach dem Aufbohren wird mit der gleichen Aufspannung der Lagersitz Ø 42 K7 bis zum Ø 36 mm Absatz gefertigt. Hierfür kommt ein Präzisions-Feinbohrkopf mit einer Genauigkeit von 1/1000 mm zum Einsatz. Welche Schnittwerte sind zu wählen?

Name	Klasse	Datum

5.6 Fertigen des Grundkörpers (Pos. 1)

11. An dem Grundkörper sind jetzt die Absätze zu fräsen.
    a) Wählen Sie an Hand von Herstellerkatalogen im Internet einen geeigneten Fräser mit Wendeschneidplatten aus und geben Sie die genaue Bezeichnung und die Bestell-Nummer an.

    b) Geben Sie an Hand des nebenstehenden Bildes an, in welcher Reihenfolge Sie die Absätze bearbeiten.

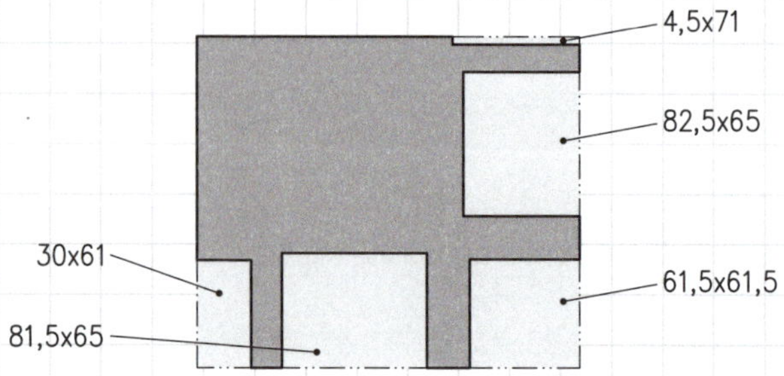

    c) Geben Sie für die Aussparung 82,5 x 65 mm die Schnittaufteilung an, wenn der Eckenfräser eine maximale Schnitttiefe a_p = 10 mm hat.

12. An den Wendeschneidplatten zeigt sich ein erhöhter Verschleiß an den Haupt- und Nebenfreiflächen.
    a) Wie nennt man diese Verschleißform?

    b) Welche Auswirkungen hat diese Verschleißform?

    c) Wie wird die Größe des Verschleißes bestimmt? Fertigen Sie hierfür eine Skizze an.

    d) Welche Gegenmaßnahmen können den Verschleiß verringern?

Name Klasse Datum

13. Erstellen Sie einen Arbeitsplan für das Fertigen der Lagersitze und der Absätze des Grundkörpers.

Lfd. Nr.	Arbeitsvorgang	Arbeitsmittel	Arbeitswerte/ Bemerkungen

Name Klasse Datum

5.6 Notizen

Name Klasse Datum

Prüfen der Fertigmaße des Grundkörpers (Pos. 1)

1. Bevor mit dem Präzisions-Feinbohrkopf gebohrt wird, soll der Durchmesser der Bohrung Ø 41,5 mm gemessen werden, um die Zustellgröße bestimmen zu können. Hierfür kommt ein Innenfeinmessgerät zum Einsatz.
   a) Beschreiben Sie den Messvorgang.

   b) Welche Formabweichung lässt sich durch ein Innenfeinmessgerät nicht erkennen?

2. Geben Sie die Maße des Grundkörpers an, die für die Funktion oder Montage wichtig sind. Begründen Sie Ihre Entscheidung.

3. Erstellen Sie für den Grundkörper einen Prüfplan mit allen Maßen, die für die Funktion oder Montage wichtig sind.

Nr.	Messgröße	Maßangabe nach Zeichnung	Grenzabmaße	Toleranz	Prüfgerät	Ablesegenauigkeit

Name Klasse Datum

5.7 Notizen

Name	Klasse	Datum

REINIGUNGSBAD

Lernfeld **6**

Verwendung

In einem Betrieb werden Werkstücke in einem Reinigungsbad von Verunreinigungen des Fertigungsablaufes gereinigt.

Die Werkstücke werden mit einem pneumatischen Schieber aus einem Magazin auf eine Plattform geschoben. Die Plattform wird von einem zweiten Zylinder in das Reinigungsbad abgesenkt. Nach einer Reinigungszeit von 10 Sekunden wird die Plattform wieder aus dem Reinigungsbad herausgehoben. Gleichzeitig fährt der Schieber in seine Ausgangslage zurück.

Die Anlage kann im Einzelbetrieb oder im Dauerbetrieb gefahren werden.

Im Einzelbetrieb wird nach Betätigen der Taste „Einzelbetrieb“ ein Werkstück gereinigt.

Nach Anwahl der Betriebsart Dauerbetrieb mit dem Schalter „Automatik“ werden die Werkstücke nacheinander automatisch gereinigt. Ist das Magazin leer, wird der Reinigungsvorgang gestoppt.

Gesamtauftrag

Die vorhandene alte Anlage mit einer pneumatischen Steuerung soll eine elektropneumatische Steuerung erhalten. Der Steuerungsablauf wird nicht geändert.

Die elektropneumatische Steuerung soll aufgebaut und in Betrieb genommen werden.

Arbeitsaufträge

6.1 Analysieren der pneumatischen Steuerung

6.2 Analysieren der elektropneumatischen Steuerung

6.3 Inbetriebnehmen der elektropneumatischen Steuerung

Technologieschema – elektropneumatische Anlage

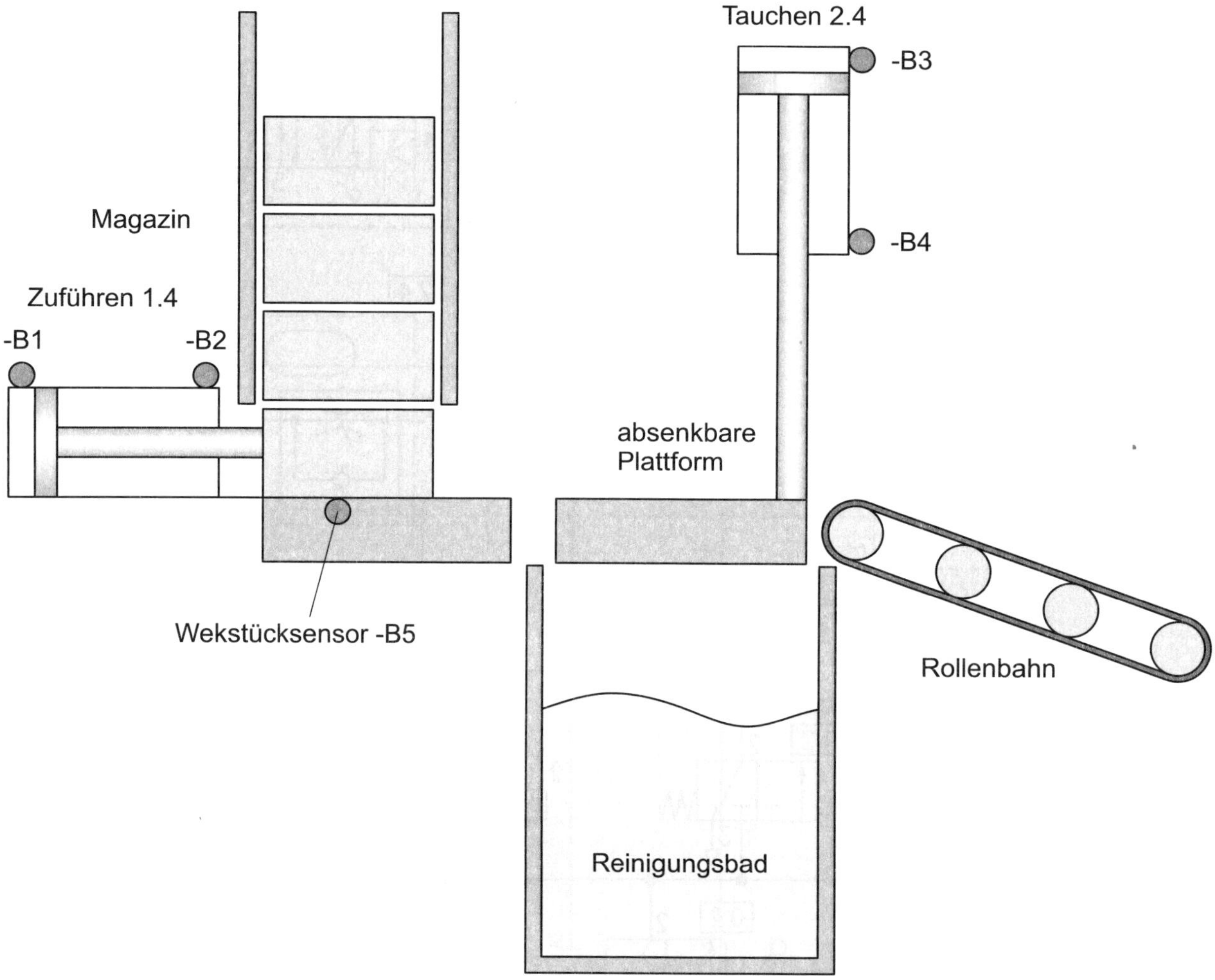

1. Benennen Sie die in der Tabelle angegebenen Bauteile und beschreiben Sie deren grundsätzliche Aufgabe.

Benennung		Aufgabe
0.1		
1.1		
1.2		
1.3		
1.4		
2.2		
2.4		
1.6		
1.7		
1.9		

Name	Klasse	Datum

6.1 Analysieren der pneumatischen Steuerung

2. Tragen Sie an die Bauteile die Referenzkennzeichnung mit Haupt- und Unterklassen nach DIN EN 81346-2 ein.

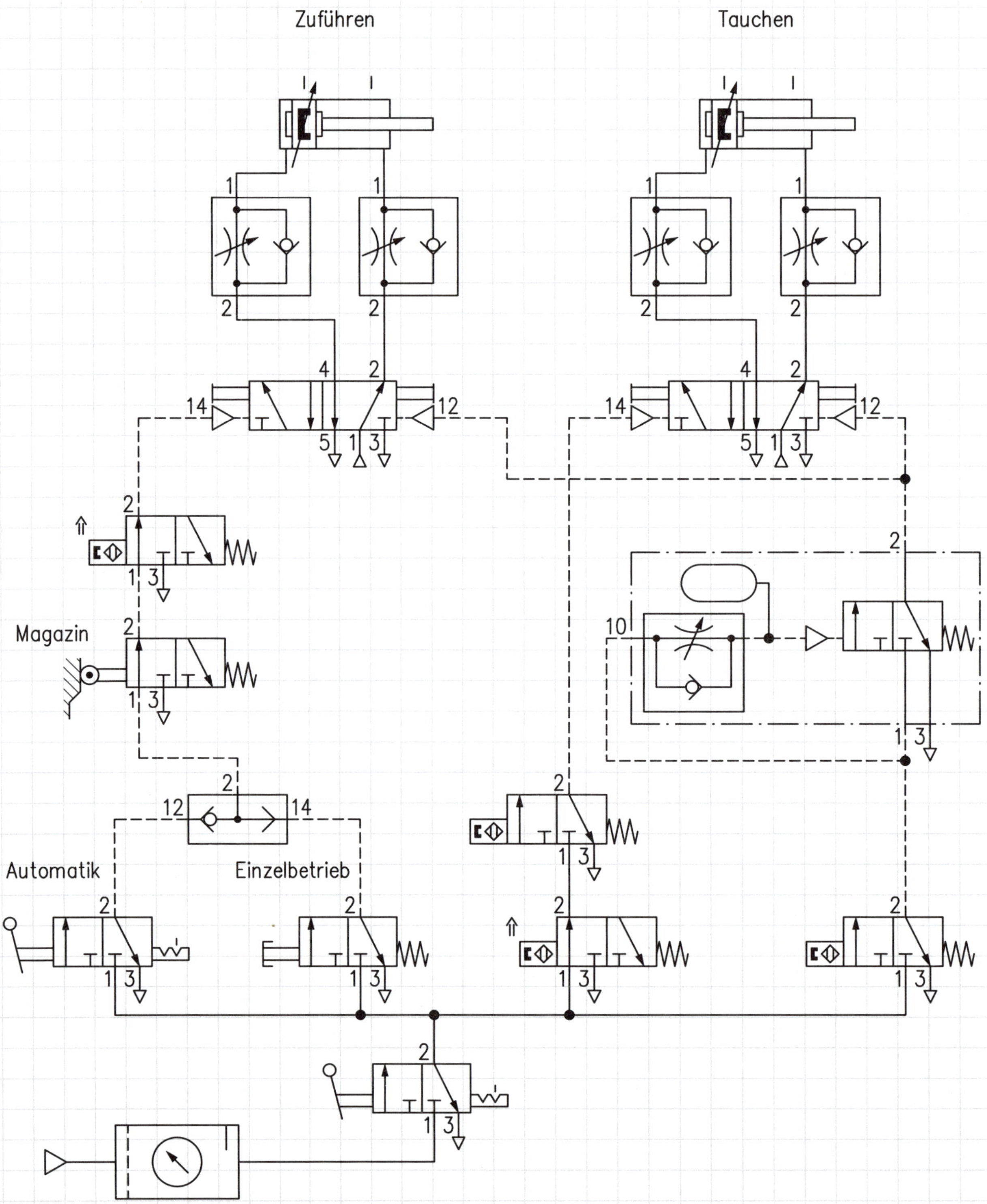

Name Klasse Datum

3. Beschreiben Sie den Steuerungsablauf anhand des pneumatischen Schaltplans. Geben Sie an, welche Ventile dabei betätigt werden.

4. Die Anlage befindet sich im Automatikbetrieb. Wie verhält sie sich, wenn nur noch ein Werkstück im Magazin ist? Begründen Sie Ihre Antwort.

Name	Klasse	Datum

6.1 Analysieren der pneumatischen Steuerung

5. Stellen Sie die Bedingungen für den Start des Steuerungsablaufes im Logikplan dar. Geben Sie an den Eingängen und am Ausgang auch die pneumatischen Bauteile an, über die die Signale eingegeben bzw. ausgegeben werden.

6. Der Zylinder 2.8 senkt die Plattform mit dem Werkstück in das Tauchbad. Nach der Reinigungszeit wird die Plattform wieder angehoben. Überprüfen Sie, ob ein doppeltwirkender Zylinder mit den Abmessungen $D = 63$ mm und $d = 20$ mm und einem Wirkungsgrad von 88 % ausreichend dimensioniert ist, wenn die Anlage mit 5,5 bar betrieben wird. Die Plattform mit dem Werkstück hat eine Masse von $m = 12$ kg. Aufgrund der Führungen muss eine Reibungskraft von 800 N berücksichtigt werden.

Name	Klasse	Datum

Analysieren der elektropneumatischen Steuerung

1. Benennen Sie die in der Tabelle angegebenen Bauteile und beschreiben Sie deren grundsätzliche Aufgabe.

Benennung		Aufgabe
1.1		
- S1		
- S2		
- B5		
- B4		
- B1		
- K1		
- K3		
- M1		

Name	Klasse	Datum

6.2 Analysieren der elektropneumatischen Steuerung

2. Tragen Sie an die Bauteile die Referenzkennzeichnung mit Haupt- und Unterklassen nach DIN EN 81346-2 ein.

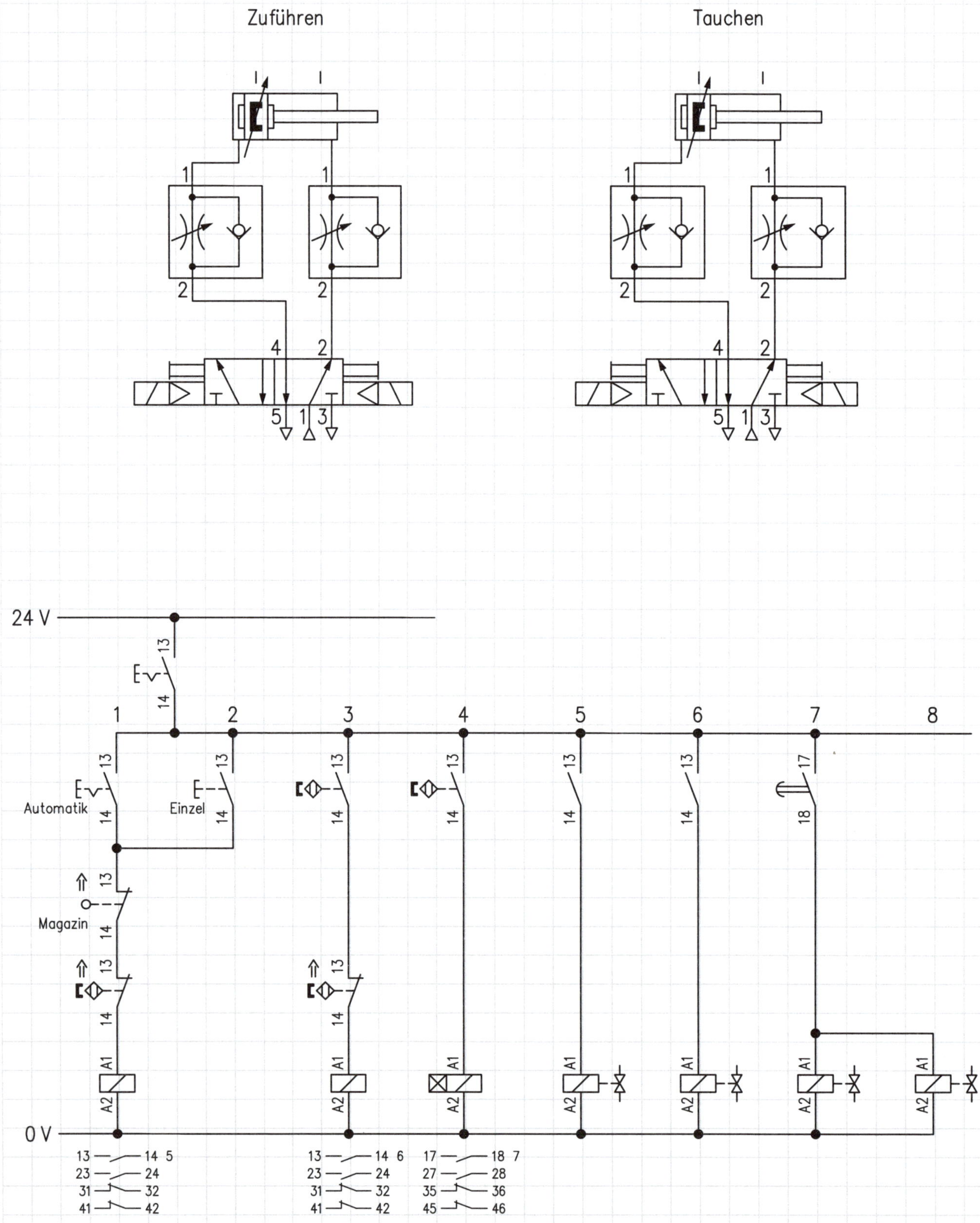

Name Klasse Datum

3. Überprüfen Sie, ob mit dem vorgegebenen Stromlaufplan der gleiche Steuerungsablauf wie bei der pneumatischen Steuerung gegeben ist. Beschreiben Sie dazu ausführlich den Funktionsablauf anhand des Stromlaufplans und des Pneumatikschaltplans.

4. Beschreiben Sie, weshalb das Abfragen von -B1 im Strompfad 1 und -B3 im Strompfad 3 notwendig ist.

5. Bei der elektropneumatischen Steuerung werden Reed-Kontakte als berührungslose Sensoren eingesetzt. Beschreiben Sie den Aufbau und die Funktionsweise der Reed-Kontakte.

Name	Klasse	Datum

6.2 Analysieren der elektropneumatischen Steuerung

6. Stellen Sie den Steuerungsablauf der elektropneumatischen Steuerung als Funktionsplan GRAFCET dar. Kommentieren Sie die einzelnen Schritte und Übergangsbedingungen.

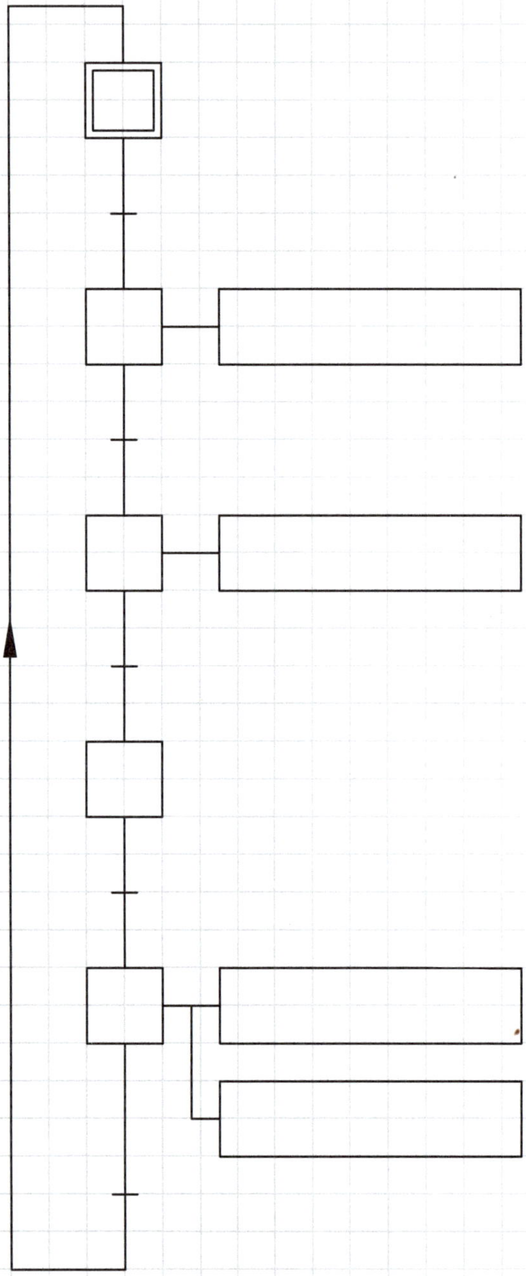

Name Klasse Datum

1. Welche Probleme können bei der ersten Inbetriebnahme der Steuerung durch die Stellglieder hervorgerufen werden? Welche Inbetriebnahme-Maßnahmen müssen deshalb durchgeführt werden?

2. An welchem Objekt wird die Reinigungszeit eingestellt?

3. Wie wirken sich die Drosselventile auf die Verfahrgeschwindigkeiten aus?

4. Unterscheiden Sie Abluftdrosselung und Zuluftdrosselung.

5. Warum wird bei dieser Anlage die Abluftdrosselung verwendet?

Name	Klasse	Datum

6.3 Inbetriebnehmen der elektropneumatischen Steuerung

6. Beschreiben Sie die nacheinander auszuführenden Schritte bei der Inbetriebnahme der Anlage.

7. Nach einer Störung an der Anlage wird festgestellt, dass beide Zylinder nicht mehr einfahren. Geben Sie mögliche Fehlerursachen und deren Abhilfe an.

Ursache

Abhilfe:

Ursache:

Abhilfe:

Ursache:

Abhilfe:

Name	Klasse	Datum

STIRNRADGETRIEBE

Lernfeld **7**

Verwendung

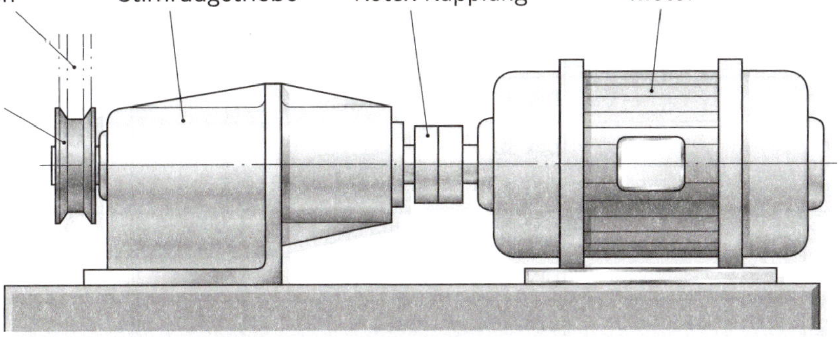

Das Stirnradgetriebe dient zum Übertragen sowie zum Ändern von Drehmomenten und Umdrehungsfrequenzen. Das Getriebe hat eine Übersetzung von 10 : 1. Es kann bei einer Antriebsdrehzahl von n_1 = 1500 min^{-1} und einem Abtriebsdrehmoment von M_2 = 94 Nm eine Leistung von P = 1,5 kW übertragen.

Gesamtauftrag

Am Stirnradgetriebe treten im Betrieb ungewöhnliche Laufgeräusche auf. Außerdem erwärmt sich die Abtriebsseite außergewöhnlich stark. Geräusch und Wärmeentwicklung deuten auf einen Lagerschaden im Gehäuse (Pos. 1) hin.

Um den Fehler zu beheben, soll das Gehäuse des Getriebes demontiert und die Lager ausgewechselt werden. Anschließend ist das Getriebe wieder zusammenzubauen.

Arbeitsaufträge

7.1 Analysieren der Zeichnungsunterlagen

7.2 Demontageplanung Stirnradgetriebe

7.3 Sicht- und Maßkontrolle demontierter Teile

7.4 Montagevorbereitung - Ersatzteilbeschaffung

7.5 Montageplanung Stirnradgetriebe

7.6 Montageplanung Riemenscheibe mit Spannelementverbindung

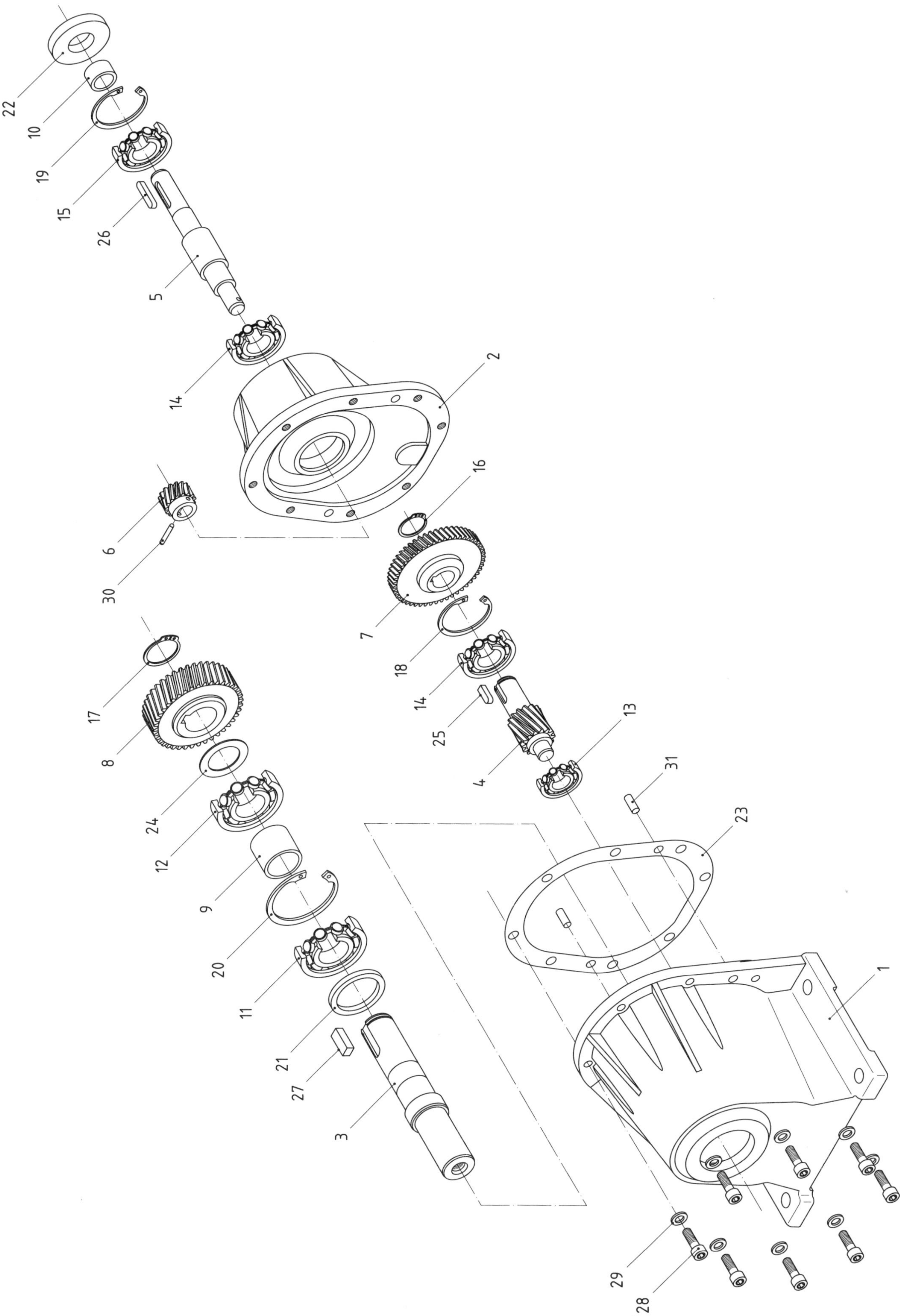

22
10
19
15
26
5
14
2
6
30
16
7
18
14
25
13
4
31
23
17
8
24
12
9
20
11
21
27
3
1
29
28

Analysieren der Zeichnungsunterlagen

1. Über welche Bauteile wird die Energie von der Antriebswelle (Pos. 5) zur Abtriebswelle (Pos. 3) übertragen?

2. Beschreiben Sie die Unterschiede zwischen der Welle-Nabe-Verbindung für die Rotex-Kupplung (Pos. 34) und für die Riemenscheibe (Pos. 35).

3. Worin unterscheiden sich die beiden Rillenkugellager (Pos. 11 u. Pos 12) und wie werden sie jeweils geschmiert?

4. Welche Art der Lageranordnung liegt bei der Abtriebswelle (Pos. 3) vor?

5. Beschreiben Sie die Aufgabe der Distanzbuchse (Pos. 9).

Name	Klasse	Datum

7.1 Analysieren der Zeichnungsunterlagen

6. Welche Aufgabe hat die eingebaute Passscheibe (Pos. 24)?

7. Welche Art der Lageranordnung liegt bei der Ritzelwelle (Pos. 4) vor?

8. Wie wirkt sich die Erwärmung der Ritzelwelle (Pos. 4) im Betrieb auf die Rillenkugellager (Pos. 13 u. Pos. 14) aus?

9. Welche statischen und dynamischen Dichtungen sind in das Stirnradgetriebe eingebaut?

10. Bestimmen Sie die Umdrehungsfrequenz der Ritzelwelle.

11. Berechnen Sie die Größe des Antriebsmomentes.

Name	Klasse	Datum

12. Geben Sie die jeweilige Aufgabe der Spannstifte im Getriebe an.

13. Beschreiben Sie, wie der Spannstift (Pos. 30) bei der Übertragung des Drehmomentes beansprucht wird.

14. Berechnen Sie die Abscherung, mit der der Spannstift (Pos. 30) beansprucht wird. Der Durchmesser zwischen Antriebswelle (Pos. 5) und Ritzel (Pos. 6) beträgt 12 mm.

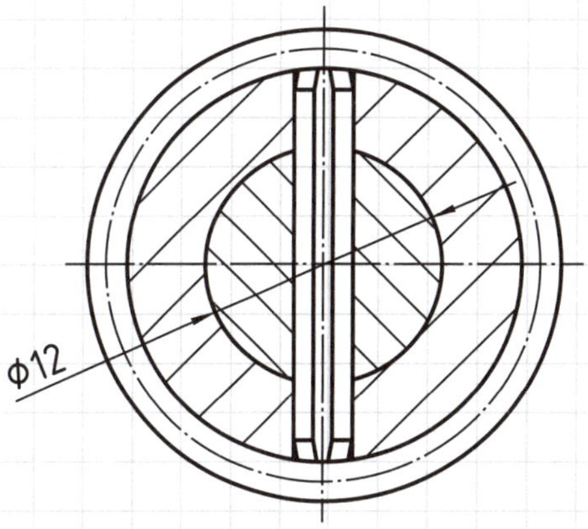

Name Klasse Datum

7.1 Analysieren der Zeichnungsunterlagen

15. Berechnen Sie die Flächenpressung der Passfederverbindung zwischen der Abtriebswelle (Pos. 3) und dem Stirnrad (Pos. 8). Der Durchmesser der Abtriebswelle beträgt 25 mm.

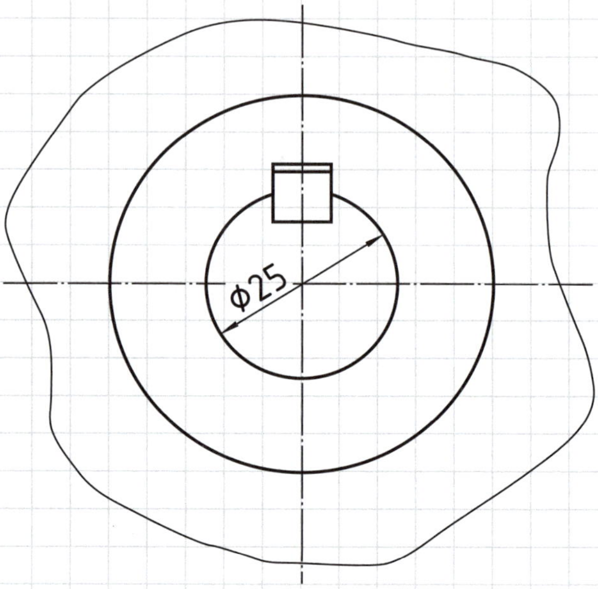

Name	Klasse	Datum

1. Vor der Demontage ist das Getriebeöl abzulassen. Wo können Sie sich Informationen über die Menge des zu entsorgenden Getriebeöls, über die Art der Entsorgung im Betrieb und über sicherheitsgerechtes Verhalten im Umgang mit Schmierstoffen beschaffen?

2. In welche Baugruppen lässt sich das Stirnradgetriebe zerlegen. Welche Verbindungselemente müssen Sie dabei lösen?

3. a) Wie können die Abtriebswelle (Pos. 3) und die Ritzelwelle (Pos. 4) aus dem Gehäuse (Pos. 1) ausgebaut werden? In den Stirnseiten beider Wellen befinden sich Zentrierbohrungen ISO 6411 – DM.

   b) Welche der beiden Wellen müssen Sie zuerst ausbauen?

4. Welche Bauteile können Sie nach der Demontage der Abtriebswelle (Pos. 3) aus dem Gehäuse entnehmen?

Name	Klasse	Datum

7.2 Demontageplanung Stirnradgetriebe

5. Erstellen Sie einen vollständigen Demontageplan mit allen benötigten Werkzeugen und Hilfsmitteln.

Demontageplan			
Lfd. Nr.	Arbeitsvorgang	Arbeitsmittel	Arbeitswerte/ Bemerkungen

Name Klasse Datum

1. Die demontierten Bauteile sind vor der Sicht- und Maßkontrolle mit einem Kaltreiniger zu reinigen. Informieren Sie sich im Betrieb, welcher Reiniger dafür eingesetzt wird und wie Sie sich bei dessen Verwendung vor möglichen Gesundheitsgefahren schützen können.

2. Bei der Reinigung der demontierten Teile verspritzt Reinigungsmittel auf den Boden. Wie verhalten Sie sich?

3. Welche Sichtkontrollen sind bei der Abtriebswelle (Pos. 3) notwendig, damit die Montage des Radialwellendichtringes (Pos. 21) fachgerecht durchgeführt werden kann?

4. Weshalb müssen Sie die Lagersitze im Gehäuse und auf den Wellen vor der Montage überprüfen?

5. Wählen Sie ein geeignetes Messmittel zum Messen der Lagersitze im Gehäuse. Welche Formabweichungen können Sie damit überprüfen?

6. Beschreiben Sie den Messvorgang mit dem Innenfeinmessgerät.

Name	Klasse	Datum

7.3 Sicht- und Maßkontrolle demontierter Teile

7. Bestimmen Sie die Abmaße für die Lagersitze an der Ritzelwelle (Pos. 4), wenn die Lagersitze die ISO-Toleranz k6 haben.

8. Wählen Sie geeignete Messmittel zum Messen der Lagersitze an der Ritzelwelle (Pos. 4).

9. Beschreiben Sie die Folgen für die Lagerung,
   a) wenn die Toleranzen an der Welle nicht eingehalten wurden oder
   b) wenn die Welle unrund ist.

10. Wie können Sie kontrollieren, ob die Stirnflächen an der Distanzbuchse (Pos. 9) parallel zueinander sind?

11. Wie ermitteln Sie die Dicke der einzubauenden Passscheibe (Pos. 27) bei der Abtriebswelle (Pos. 3)? Beschreiben Sie zwei Vorgehensweisen.

Name	Klasse	Datum

1. Für die Montage ist neues Getriebeöl bereitzustellen. Wo können Sie sich über die Menge und die Art des aufzufüllenden Öls informieren?

2. In der Betriebsanleitung steht die Angabe CLP 220 zum verwendeten Schmieröl. Entschlüsseln Sie die Angaben.

3. Geben Sie die Teile an, die nach der Demontage auszuwechseln sind. Begründen Sie die Vorgehensweise.

4. Wie sind die Rillenkugellager für die Montage vorzubereiten?

Name	Klasse	Datum

7.4 Montagevorbereitung – Ersatzteilbeschaffung

5. Entschlüsseln Sie die Normkurzbezeichnung für das Rillenkugellager (Pos. 12).

6. Wie könnten Sie sich über die Art der auszuwechselnden Lager informieren, wenn keine Stückliste oder Ersatzteilliste vorliegt?

7. Entschlüsseln Sie die Normkurzbezeichnung für den Radialwellendichtring (Pos. 21).

Name Klasse Datum

1. Welche Einbaurichtlinien sind bei der mechanischen Montage von Wälzlagern zu beachten, damit eine fehlerfreie Funktion der Lager erreicht wird? Geben Sie vier Einbaurichtlinien und mögliche Folgen bei deren Nichtbeachtung an.

Einbaurichtlinien für die mechanische Werkzeugmontage	Mögliche Folgen bei Nichtbeachtung

2. Ermitteln Sie für die Rillenkugellager (Pos. 11 u. 12) auf der Antriebswelle (Pos. 3) und für die Rillenkugellager (Pos. 13 u. 14) auf der Ritzelwelle (Pos. 4) die Lastverhältnisse am Innen- und Außenring und leiten Sie daraus den Sitz des jeweiligen Lagerringes ab.

Lager	Lastverhältnisse		Lagersitz	
	Innenring	Außenring	Innenring	Außenring
Pos. 11				
Pos. 12				
Pos. 13				
Pos. 14				

3. Warum ist die thermische Montage für die Rillenkugellager bei der Ritzelwelle weniger gut geeignet?

4. Wie bereiten Sie den Radialwellendichtring für die Montage vor?

5. Beschreiben Sie die Montage des Radialwellendichtringes.

Name Klasse Datum

7.5 Montageplanung Getriebe

6. Das Zahnrad (Pos. 7) ist mit der Passung Ø 17H7/k6 gefügt.
   a) Bestimmen Sie die Art der Passung. Mit welchem Kraftaufwand lassen sich die Teile fügen?
   b) Berechnen Sie Höchstübermaß und Höchstspiel.

7. Beschreiben Sie die Montage des Zahnrades (Pos. 7). In der Stirnseite der Ritzelwelle (Pos. 4) befindet sich eine Zentrierbohrung DIN ISO 6411 - DM6.

8. Warum darf das Stirnrad (Pos. 8) nicht mit einem Kunststoffhammer auf die Ritzelwelle aufgetrieben werden?

9. Zu welchem Zeitpunkt ist die Passfeder (Pos. 25) in die Ritzelwelle einzusetzen?

Name Klasse Datum

10. Wälzlager sollten zuerst mit ihrem festen Sitz montiert werden. Warum muss bei der Montage des Rillenkugellagers (Pos. 11) von dieser Regel abgewichen werden?

11. a) Beschreiben Sie das Verschrauben der beiden Getriebehälften. Tragen Sie die Verschraubungsfolge in die Getriebeansicht ein.

b) Mit welchem Anziehmoment sind die Zylinderschrauben (Pos. 28) festzuziehen, wenn die Schrauben leicht geölt verschraubt werden?

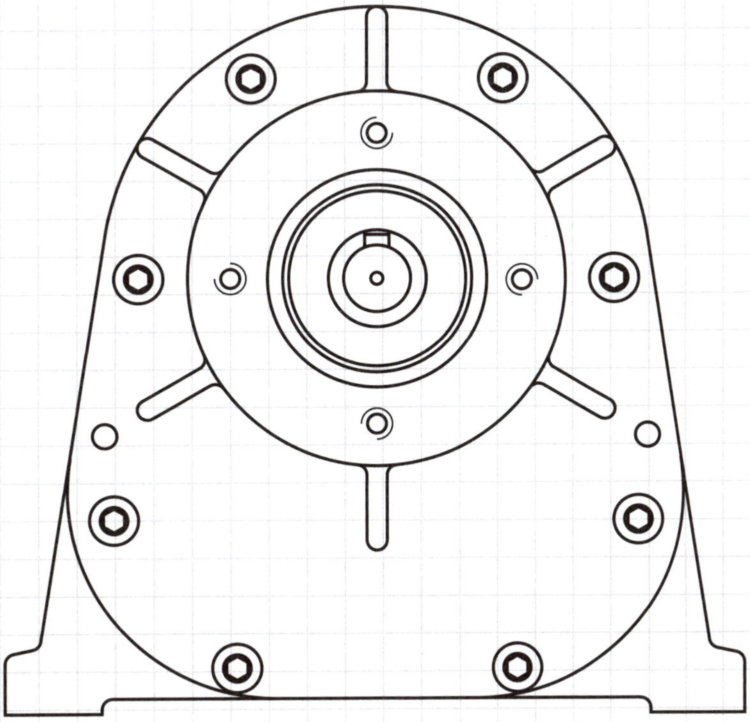

Name Klasse Datum

7.5 Montageplanung Getriebe

12. Erstellen Sie einen vollständigen Montageplan für den Zusammenbau des Getriebes.

Montageplan – Getriebe			
Lfd. Nr.	Arbeitsvorgang	Arbeitsmittel	Arbeitswerte/ Bemerkungen

Name	Klasse	Datum

Montageplanung Riemenscheibe mit Spannelementverbindung

1. Beschreiben Sie die Funktionsweise der Welle-Nabe-Verbindung zwischen Riemenscheibe (Pos. 35) und Abtriebswelle (Pos. 3).

2. Wie bereiten Sie die Spannelementverbindung (Pos. 36) für die Montage mit der Riemenscheibe (Pos. 35) vor?

3. Mit welchem Anziehmoment müssen Sie die Zylinderschrauben festziehen? Der Spannsatz wird mit Zylinderschrauben ISO 4762 – M6 - 12.9 verschraubt.

4. Geben Sie mögliche Folgen für die Funktion an, wenn der Spannsatz und die Schrauben vor der Montage nicht eingeölt werden.

5. a) Wie werden die Zylinderschrauben durch die Vorspannkraft F_V belastet?
   b) Welche Vorspannkraft F_V ergibt sich bei fachgerecht angezogenen Schrauben?
   c) Berechnen Sie die Zugspannung in der Schraube.

Name	Klasse	Datum

7.6 Montageplanung Riemenscheibe mit Spannelementverbindung

6. Tragen Sie in das Spannungs-Dehnungsdiagramm für die Zylinderschrauben die Kennwerte R_m und $R_{p0,2}$ sowie die auftretende Zugspannung σ_z ein.

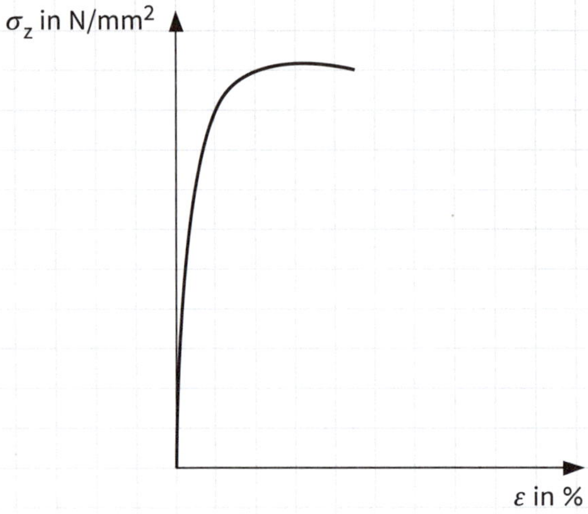

7. Erstellen Sie einen vollständigen Montageplan für das Fügen der Riemenscheibe (Pos. 35) auf der Abtriebswelle (Pos. 3).

Montageplan			
Lfd. Nr.	Arbeitsvorgang	Arbeitsmittel	Arbeitswerte/ Bemerkungen

8. Beschreiben Sie die Demontage der Riemenscheibe (Pos. 35) von der Abtriebswelle (Pos. 3).

Name	Klasse	Datum

Notizen

Name	Klasse	Datum

Notizen

Name	Klasse	Datum

EXZENTERPRESSE

Lernfeld **8**

Verwendung

Mit der abgebildeten Exzenterpresse werden in der Endmontage einer Kleinserienfertigung Hülsen aus CuSn8 in einen Lagerdeckel eingepresst. Die Abwärtsbewegung des Stempels und die Presskraft werden durch eine Exzenterwelle ermöglicht. Durch den Exzenter ist der Weg und das Übersetzungsverhältnis der Presse auf ein festes Maß begrenzt.

Gesamtauftrag

Für eine neue Serie reicht der vorhandene Weg des Stempels nicht mehr aus und es muss eine neue Welle hergestellt werden. Um neue Umrüstarbeiten einfacher zu gestalten, soll eine neue Welle ohne Exzenter hergestellt werden, auf die dann Exzenterscheiben unterschiedlicher Abmessungen aufgeschraubt werden können.

Dadurch ergeben sich zwei Änderungen.

1. Es muss eine neue Welle nach Zeichnung hergestellt werden, welche die Exzenterscheiben aufnehmen kann.
2. Es müssen neue Exzenterwellenlagerungen nach Zeichnung hergestellt werden, da sich die Maße der Welle und der Exzenterscheiben geändert haben.

Arbeitsaufträge

Für die Durchführung des Gesamtauftrags, auf einer CNC-Drehmaschine mit einem Meißel hinter der Drehmitte, sind folgende Arbeitsaufträge auszuführen.

Drehen der Welle

8.1 Analysieren der technischen Unterlagen

8.2 Bestimmen der Arbeitswerte für die Erstellung des Arbeitsplans

8.3 Erstellen eines Arbeitsplanes für das CNC-Drehen

8.4 Bestimmen der Werte zur Erstellung des CNC-Drehprogramms

8.5 Erstellen des CNC-Drehprogramms

8.6 Erstellen des Prüfplans

Arbeitsaufträge

Für die Durchführung des Gesamtauftrags auf einer CNC-Fräsmaschine sind folgende Arbeitsaufträge auszuführen.

Fräsen der Exzenterwellenlagerung

8.7 Erstellen einer CNC-gerechten Bemaßung

8.8 Auswahl der Werkzeuge

8.9 Festlegen der Spannmittel und Erstellen eines Spannplans

8.10 Erstellen eines Arbeitsplanes für das CNC-Fräsen

8.11 Erarbeiten des CNC-Fräsprogramms

8.12 Prüfen der Exzenterwellenlagerung

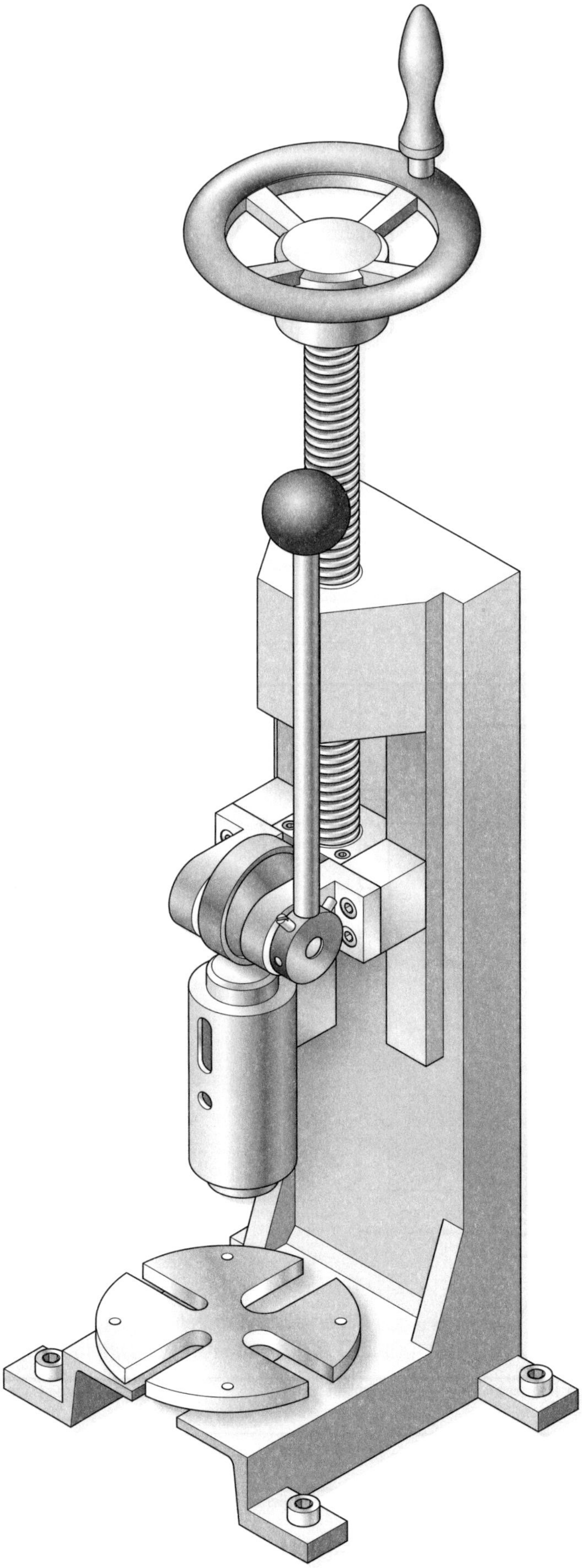

1. In der Zeichnung der Welle befindet sich die Angabe des Werkstoffes. Bestimmen Sie

Stahlsorte:

a) die Zugfestigkeit unbehandelt:

b) die Zugfestigkeit vergütet:

c) die Härte:

d) die Dehngrenze:

e) die chemische Zusammensetzung:

2. Ermitteln Sie für die Herstellung ein geeignetes Halbzeug. Geben Sie die für eine Bestellung notwendigen Angaben an.

3. Erläutern Sie die Bedeutung der Oberflächenangaben in der Zeichnung.

Name	Klasse	Datum

8.1 Analysieren der technischen Unterlagen

4. In der Zeichnung fehlen die Angaben für die Einstiche der Sicherungsringe zur Sicherung der Lager DIN 625-1.

   a) Bestimmen Sie alle notwendigen Angaben für die Fertigung. Tragen Sie die Maße in eine Skizze ein.

   b) Bestimmen Sie einen passenden Sicherungsring und geben Sie die vollständige Bezeichnung an.

5. Die Welle wird von zwei Wälzlagern DIN 625-1 geführt. Die Bohrungen der Lagerinnenringe sind nach der Toleranzklasse H6 gefertigt. Bestimmen Sie

   a) das obere und untere Abmaß der Lagerbohrung in mm:

   b) das obere und untere Abmaß der Welle in mm:

   c) das Höchst- und Mindestspiel bzw. das Höchst- und Mindestübermaß der entstehenden Passung in mm:

   d) die Passungsart:

Name	Klasse	Datum

1. Folgende Drehwerkzeuge stehen zur Verfügung. Wählen Sie für die Herstellung der Welle geeignete Werkzeuge aus. Tragen Sie den entsprechenden Fertigungsschritt (z. B. Kegeldrehen) in die Tabelle ein.

Werkzeugnummer	T1 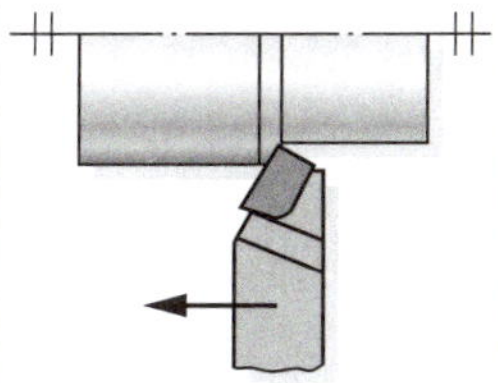	T2 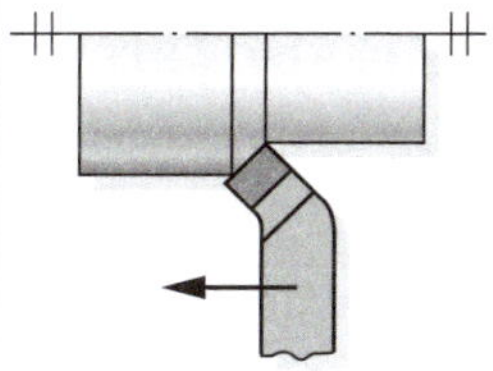	T3 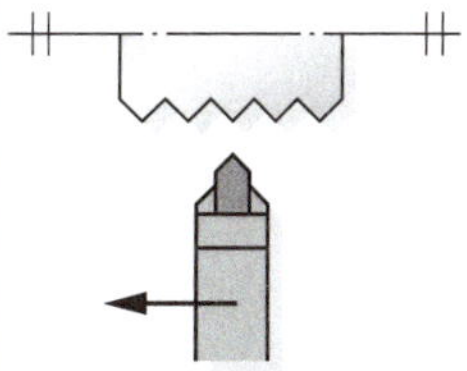	T4 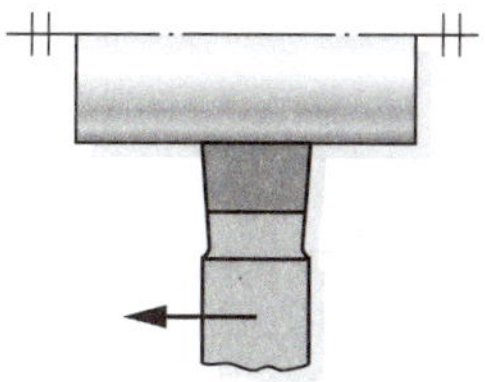
Fertigungsschritt				
Benennung	Gerader Drehmeißel	Gebogener Drehmeißel	Gewinde Drehmeißel	Breiter Drehmeißel
Schneidstoff	HW– P10	HW – P10	HW – P10	HW – P10

Werkzeugnummer	T5 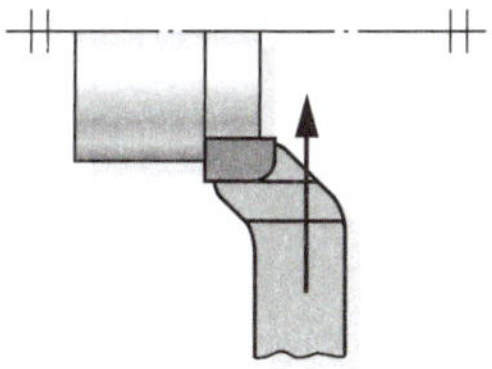	T6 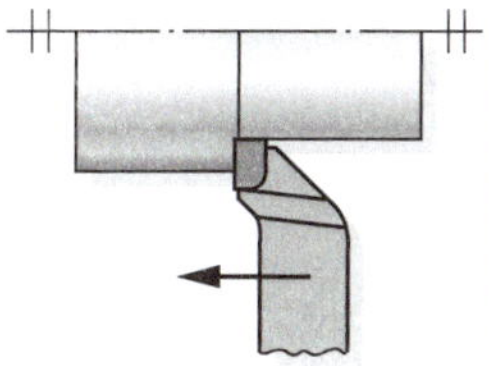	T7 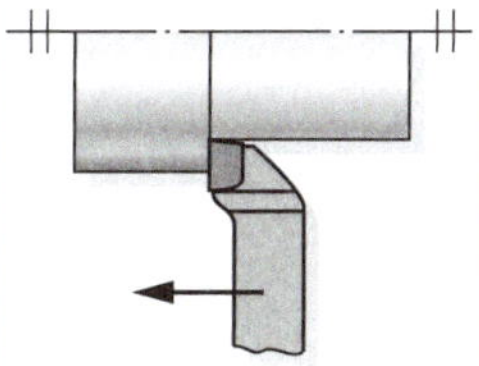	T8 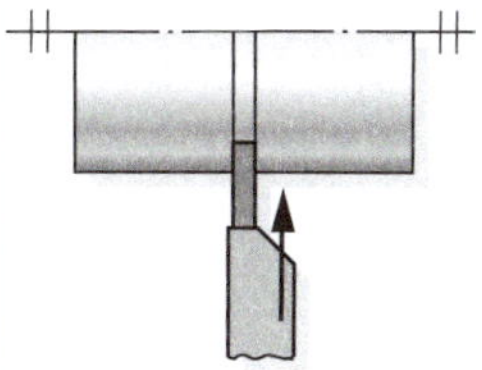
Fertigungsschritt				
Benennung	Abgesetzter Drehmeißel	Abgesetzter Eckendrehmeißel	Abgesetzter Seitendrehmeißel	Stechdrehmeißel
Schneidstoff	HW– P10	HW – P10	HW – P10	HW – P10

Name	Klasse	Datum

8.2 Bestimmen der Arbeitswerte für die Erstellung des Arbeitsplanes

2. Die Drehmeißel sind mit Hartmetallplatten der Sorte HW-P10 bestückt. Bestimmen Sie die fehlenden Werte und tragen Sie diese ein.

   Die Werte sind dem Tabellenbuch zu entnehmen. Da immer ein Bereich zur Auswahl steht, ist eine eigene Wahl der einzustellenden Werte zu treffen.

Tabelle für Zerspanungsdaten

Werkzeug Nr.	**Werte aus dem Tabellenbuch**		**Gewählte Werte**		**Berechnete Werte, gerundet**				**Angaben im NC-Programm**		
					Schruppen		Schlichten				
	V_c m/min	f mm	V_c m/min	f mm	n 1/mm	f mm	n 1/mm	f mm	T	S 1/min	F mm

Name Klasse Datum

Erstellen eines Arbeitsplanes für das CNC-Drehen

1. Die Welle soll in zwei Aufspannungen gefertigt werden.
   a) Legen Sie fest, welche Seite zuerst bearbeitet werden soll, und begründen Sie Ihre Entscheidung.

   b) Bestimmen Sie geeignete Spannmittel für die Herstellung der Welle.

2. Beschreiben Sie, welche Einrichtarbeiten nach dem Einschalten der Maschine zu verrichten sind.

Name	Klasse	Datum

8.3 Erstellen eines Arbeitsplanes für das CNC-Drehen

3. Erstellen Sie einen Arbeitsplan für die Fertigung der Welle.

westermann	Arbeitsplan	Blatt-Nr.	Anzahl
Benennung: ______ Zeichn.-Nr. Sach.-Nr. ______ Halbzeug: ______ ☒ Einzelteil ☐ Montage/Demontage		Auftragsnr.: ______ Stückzahl: ______ Termin: ______	Name: ______ Klasse/Gr.: ______ Kontr.-Nr.: ______

Lfd. Nr.	Arbeitsvorgang	Arbeitsmittel	Arbeitswerte/ Bemerkungen

Bestimmen der Werte zur Erstellung des CNC-Drehprogramms

1. Berechnen Sie für die Programmierung des Passmaßes 20j6 die Toleranzmitte. Geben Sie das zu programmierende Durchmessermaß an.

2. Berechnen Sie für die Fertigung des Gewindes die Hauptnutzungszeit.

Name	Klasse	Datum

8.4 Bestimmen der Werte zur Erstellung des CNC-Programms

3. Erstellen Sie das Unterprogramm L 11 für die Einstiche an der Welle. Berücksichtigen Sie dabei die Toleranz der Nutbreite. Der Einstechdrehmeißel T8 hat eine Breite von 1,2 mm. Der Werkzeugnullpunkt liegt an der rechten Ecke der Werkzeugschneide. (Beachten Sie, von welcher Seite ein Drehmeißel laut Definition betrachtet wird.)

Legen Sie einen Startpunkt für das Unterprogramm fest.

X = ________ Z = ________

Bestimmen Sie die Toleranzmitte für die Nutbreite.

Erstellen Sie das Programm inkremental.

Unterprogramm L11

N	G	X	Z	I	K	F	S	T	M

Hinweis: Statt des Unterprogramms L11 kann auch der Einsteckzyklus radial G86 verwendet werden.

Name Klasse Datum

1. Erstellen Sie ein Programm mit Zyklen für die Herstellung der Welle. An der Welle sind zwei Freistiche an den Durchmessern 20j6 zu drehen. Sie sind in der Zeichnung nicht angegeben.

   Überlegen Sie, an welcher Stelle die Freistiche notwendig sind, und begründen Sie Ihre Antwort.

   Folgende Unterprogramme sind zu verwenden:

   L11: Unterprogramm Einstich (selbst erstellt in Aufgabe 8.4) oder alternativ G86

   L12: Unterprogramm Gewindefreistich DIN 76-A

   L13: Unterprogramm Freistich

   Hinweis: Alle Unterprogramme starten bei x +1. Der Werkzeugnullpunkt liegt bei allen Werkzeugen an der rechten vorderen Ecke.

   Erstellen Sie das Programm nach DIN/PAL oder in einer entsprechenden Programmiersprache, die an Ihrer Schule vorhanden ist. Geben Sie anschließend das Programm ein und simulieren Sie es.

Programmvorschlag Exzenterwelle – Programm erste Seite

N	G	L	N_S	N_E	X	Z	I	K	F	S	T	D	H	Ak	Az	Ax	M

Name Klasse Datum

8.5 Erstellen des CNC-Drehprogramms

N	G	L	N_S	N_E	X	Z	I	K	F	S	T	D	H	Ak	Az	Ax	M

Name Klasse Datum

Umspannen für die zweite Seite

N	G	L	N_S	N_E	X	Z	I	K	F	S	T	D	H	Ak	Az	Ax	M

Name Klasse Datum

8.5 Notizen

Name	Klasse	Datum

1. Schreiben Sie für die Welle einen Prüfplan.

westermann	Prüfplan	Blatt-Nr.	Anzahl

Nr.	Messgröße	Maßangabe nach Zeichnung	Grenz-abmaße	Toleranz	Prüfgerät	Bemer-kungen

Name Klasse Datum

8.6 Erstellen des Prüfplans

Nr.	Messgröße	Maßangabe nach Zeichnung	Grenz-abmaße	Toleranz	Prüfgerät	Bemer-kungen

Name Klasse Datum

1. Erstellen Sie für die Exzenterwellenlagerung eine normgerechte Bemaßung.
   Bei den Maßangaben für das Werkstück ist eine steigende Bemaßung nach DIN 406 zu verwenden.
   Die Koordinaten und Maße der Bohrungen, der Senkungen nach DIN 974-1 und der Gewindebohrungen sind in einer Tabelle anzugeben.

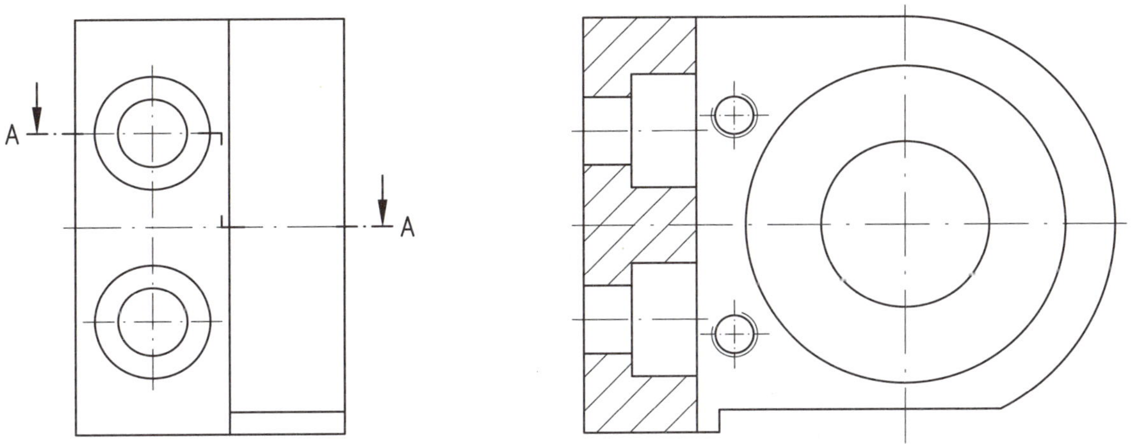

A–A

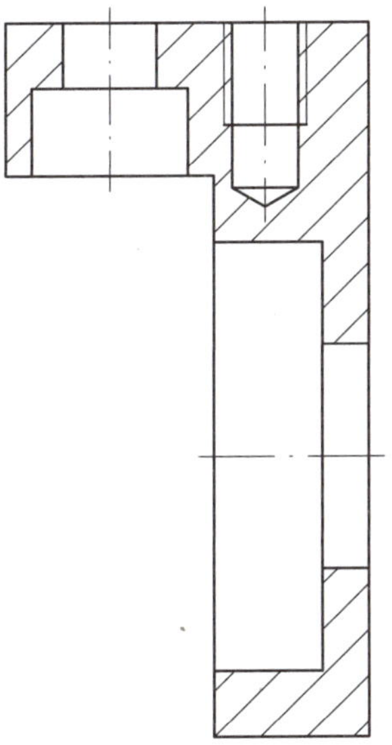

Koordinatentabelle für Bohrungsmittelpunkte				
Koordinaten-Ursprung	Pos.	Koordinaten		Bemerkung
		X	Y	
1				
1				
1				
1				
2				
2				

Fl EN 10278 – 63x40x75
EN 10277-3 – 11SMn30+C

Fl EN 10278 – 63x40x75
EN 10277-3 – 11SMn30+C

Rz 25 (Rz 6,3)

Allgemeintoleranzen
ISO 2768-mK

Oberflächen
ISO 1302

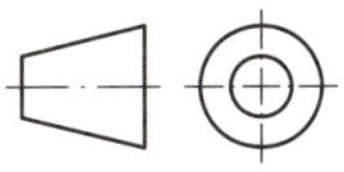

M 1:1

Verantwortl. Abt. | Technische Referenz | Erstellt durch | Genehmigt von

westermann

Dokumentenart | Dokumentenstatus

Titel, Zusätzlicher Titel
Exzenterwellenlager

Änd. | Ausgabedatum 21.06.2017 | Spr. de | Blatt 1/1

Name Klasse Datum

8.7 Erstellen einer CNC-gerechten Bemaßung

2. Bei der Fertigung der Exzenterwellenlagerung ist eine Kreistasche Ø42K7 und eine Bohrung Ø22+0,2 herzustellen.
   a) Bestimmen Sie die Grenzabmaße und geben Sie die Höchst- und Mindestmaße in mm an.

	Ø42K7	**Ø22+0,2**
ES		
EI		
Höchstmaß		
Mindestmaß		

   b) Für die Fertigung der Kreistasche ist die Mitte der Toleranz zu berücksichtigen.
   Geben Sie die Mitte der Toleranz an und bestimmen Sie das zu fertigende Maß.

Mitte der Toleranz:

Ø42K7 –

Ø22+0,2 –

Maß für die Fertigung: Ø42K7 – Ø22+0,2 –

3. Zur Programmierung des Kreisbogens R27,5 sind dessen Koordinaten zu bestimmen.
   Geben Sie die Koordinaten des Start- und Zielpunktes an.

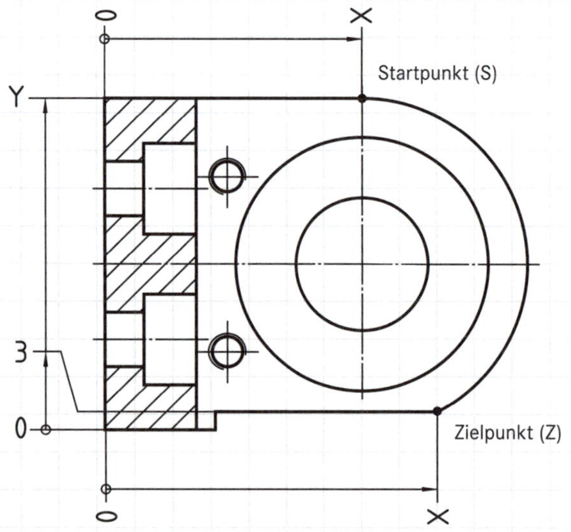

Name	Klasse	Datum

Auswahl der Werkzeuge

1. Die CNC-Fräsmaschine ist mit folgenden Bohr- und Fräswerkzeugen bestückt. Wählen Sie die für die Fertigung notwendigen Werkzeuge aus und tragen Sie den Fertigungsschritt und die gewählte Werkzeugaufnahme in die Tabelle ein.

Werkzeugnummer	**T1** 	**T2** 	**T3** 	**T4** 
Fertigungsschritt				
Benennung	NC-Anbohrer-90° Ø10	NC-Anbohrer-90° Ø12	Spiralbohrer Ø9	Spiralbohrer Ø5
Schneidstoff	HS	HS	HS	HS
Werkzeugaufnahme				

Werkzeugnummer	**T5** 	**T6** 	**T7** 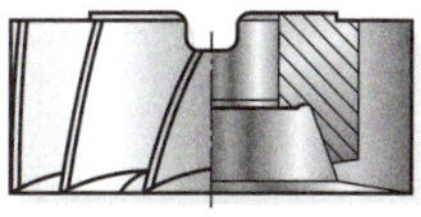	**T8** 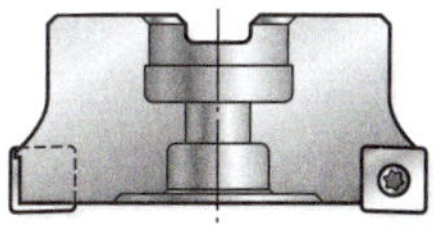
Fertigungsschritt				
Benennung	Spiralbohrer Ø6,8	Spiralbohrer Ø8	Walzenstirnfräser Ø63	Eckfräser Ø80
Schneidstoff	HS	HS	HS	HM-P25
Werkzeugaufnahme				

Name	Klasse	Datum

8.8 Auswahl der Werkzeuge

Werkzeugnummer	T9 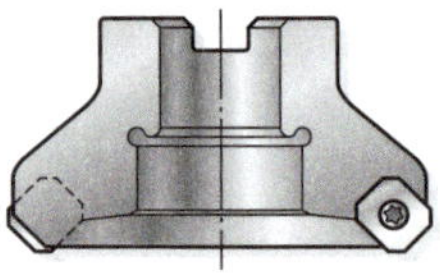	T10 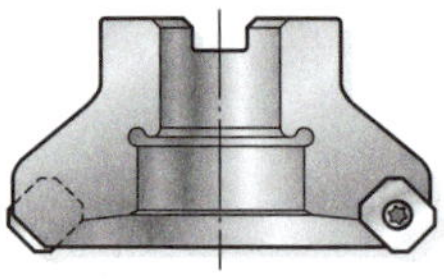	T11 	T12 
Fertigungsschritt				
Benennung	Planfräser Ø80	Planfräser Ø250	Langlochfräser Ø8	Langlochfräser Ø18
Schneidstoff	HM-P25	HM-P25	HS	HS
Werkzeugaufnahme				

Werkzeug-nummer	T13 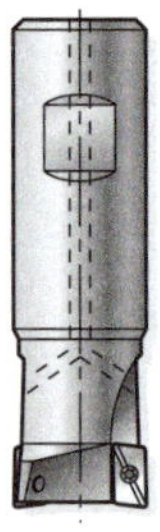	T14 	T15 	T16 	T17 
Fertigungs-schritt					
Benennung	Schaftfräser Ø40	Flachsenker Senker DIN 373-8,4 x 15-HSS	Flachsenker Senker DIN 373-9,4 x 15-HSS	Maschinen-Gewindebohrer M6	Maschinen-Gewindebohrer M8
Schneidstoff	HM-P25	HS	HS	HS	HS
Werkzeug-aufnahme					

Name Klasse Datum

2. Für die ausgewählten Werkzeuge sind die Schnittdaten festzulegen. Die Werte sind aus Tabellen zu entnehmen.

Werkzeug Nr.	Werte aus den Tabellen		Gewählte Werte		Berechnete Werte		Angaben im CNC-Programm		
	v_c in m/min	f/ f_z in mm	v_c in m/min	f/ f_z in mm	n in 1/min	v_f in mm/min	T	S in 1/min	v_f in mm/min

Name Klasse Datum

8.8 Notizen

Name Klasse Datum

Festlegen der Spannmittel und Erstellen eines Spannplanes

1. Wählen Sie mögliche Spannmittel zur Fertigung des Exzenterwellenlagers aus und begründen Sie die Auswahl.

Spannmittel:

Begründung:

2. Erstellen Sie einen Spannplan für die Bearbeitung der Exzenterwellenlagerung und beschreiben Sie die Fertigungsschritte, die in der jeweiligen Aufspannung ausgeführt werden.

Hinweise zur Kennzeichnung der Schraubstockbacken und Parallelunterlagen in den Skizzen:

f ⟶ – fester Spannbacken/ Spannrichtung wird durch die Pfeilrichtung angegeben

b ⟶ – beweglicher Spannbacken/ Spannrichtung wird durch die Pfeilrichtung angegeben

P – Parallelunterlagen

Aufspannung 1

Arbeitsschritte:

Skizze:

Aufspannung 2

Arbeitsschritte:

Skizze:

Name	Klasse	Datum

8.9 Festlegen der Spannmittel und Erstellen eines Spannplanes

Aufspannung 3
Arbeitsschritte:

Skizze:

Aufspannung 4
Arbeitsschritte:

Skizze:

Aufspannung 5
Arbeitsschritte:

Skizze:

Name	Klasse	Datum

1. Erstellen Sie einen Arbeitsplan zur Fertigung der Exzenterwellenlagerung.

westermann	Arbeitsplan	Blatt-Nr. 1	Anzahl 3
Benennung: Exzenterwellenlager **Zeichn.-Nr. Sach.-Nr.** ______ **Halbzeug:** Flachstab EN 10278-63x40x75 EN 10277-3-11SMn30+C	**Auftragsnr.:** ______ **Stückzahl:** 1 **Termin:** ______	**Name:** ______ **Klasse/Gr.:** ______ **Kontr.-Nr.:** ______	
☒ **Einzelteil** ☐ **Montage/Demontage**			

Lfd. Nr.	Arbeitsvorgang	Arbeitsmittel	Arbeitswerte/ Bemerkungen

Name Klasse Datum

8.10 Erstellen eines Arbeitsplanes für das CNC-Fräsen

westermann	Arbeitsplan	Blatt-Nr. 2	Anzahl 3

Benennung: Exzenterwellenlager **Zeichn.-Nr. Sach.-Nr.** ______ **Halbzeug:** Flachstab EN 10278-63x40x75 EN 10277-3-11SMn30+C	**Auftragsnr.:** ______ **Stückzahl:** 1 **Termin:** ______	**Name:** ______ **Klasse/Gr.:** ______ **Kontr.-Nr.:** ______
☒ **Einzelteil** ☐ **Montage/Demontage**		

Lfd. Nr.	Arbeitsvorgang	Arbeitsmittel	Arbeitswerte/ Bemerkungen

Name	Klasse	Datum

westermann	Arbeitsplan	Blatt-Nr. 3	Anzahl 3

Benennung: Exzenterwellenlager Zeichn.-Nr. Sach.-Nr.	Auftragsnr.:	Name:
Halbzeug: Flachstab EN 10278-63x40x75 EN 10277-3-11SMn30+C	Stückzahl: 1	Klasse/Gr.:
	Termin:	Kontr.-Nr.:
☒ Einzelteil ☐ Montage/Demontage		

Lfd. Nr.	Arbeitsvorgang	Arbeitsmittel	Arbeitswerte/ Bemerkungen

2. Zur Fertigung des Werkstücks ist eine geeignete CNC-Fräsmaschine auszuwählen.
Bestimmen Sie die Anforderungen an die Fräsmaschine und wählen Sie die notwendige Steuerungsart aus.

Name	Klasse	Datum

8.10 Notizen

Name Klasse Datum

1. Die Kreistasche Ø42K7 ist mit Hilfe eines Kreistaschenfräszyklus zu programmieren.
   Geben Sie die Programmzeilen für die Kreistasche an.

Kreistaschen- und Zapfenfräszyklus N..

Zyklusaufruf N..

2. Bei der Herstellung des Grundlochgewindes M8 ist ein Gewindebohrzyklus zu verwenden.
   Geben Sie die notwendigen Programmzeilen zur Gewindeherstellung an.

Gewindebohrzyklus N..

Zyklusaufruf N..

3. Erstellen Sie das CNC- Programm zur Herstellung des Exzenterwellenlagers.
   Zur Programmierung sind die Befehle nach DIN 66025 und PAL zu verwenden.

Aufspannung 1

Satz-Nr. N	Weg-bedingungen G		Koordinaten X/XA/XI	Koordinaten Y/YA/YI	Koordinaten Z/ZA/ZI	Zusätzliche Befehle								Schalt-funktionen M

Name Klasse Datum

8.11 Erarbeiten des CNC-Fräsprogramms

Aufspannung 2

Satz-Nr. N	Weg-bedingungen G		Koordinaten			Zusätzliche Befehle								Schalt-funktionen M
			X/XA/XI	Y/YA/YI	Z/ZA/ZI									

Name Klasse Datum

Aufspannung 3

Satz-Nr. N	Weg-bedingungen G		Koordinaten X/XA/XI	Y/YA/YI	Z/ZA/ZI	Zusätzliche Befehle								Schalt-funktionen M

Name Klasse Datum

8.11 Erarbeiten des CNC-Fräsprogramms

Aufspannung 3

Satz-Nr. N	Weg-bedingungen G		Koordinaten			Zusätzliche Befehle								Schalt-funktionen M
			X/XA/XI	Y/YA/YI	Z/ZA/ZI									

Aufspannung 4

Satz-Nr. N	Weg-bedingungen G		Koordinaten			Zusätzliche Befehle								Schalt-funktionen M
			X/XA/XI	Y/YA/YI	Z/ZA/ZI									

Name	Klasse	Datum

Aufspannung 4

Satz-Nr. N	Weg-bedingungen G		Koordinaten			Zusätzliche Befehle								Schalt-funktionen M
			X/XA/XI	Y/YA/YI	Z/ZA/ZI									

Aufspannung 5

Satz-Nr. N	Weg-bedingungen G		Koordinaten			Zusätzliche Befehle								Schalt-funktionen M
			X/XA/XI	Y/YA/YI	Z/ZA/ZI									

Name Klasse Datum

8.11 Erarbeiten des CNC-Fräsprogramms

Aufspannung 5

Satz-Nr. N	Weg-bedingungen G		Koordinaten			Zusätzliche Befehle								Schalt-funktionen M
			X/XA/XI	Y/YA/YI	Z/ZA/ZI									

Unterprogramm

Satz-Nr. N	Weg-bedingungen G		Koordinaten			Zusätzliche Befehle								Schalt-funktionen M
			X/XA/XI	Y/YA/YI	Z/ZA/ZI									

Name Klasse Datum

Prüfen der Exzenterwellenlagerung

1. Erstellen Sie einen Prüfplan zur Prüfung der Exzenterwellenlagerung.
   Wählen Sie die Prüfmittel aus und tragen Sie die Angaben in die Tabelle ein.

Prüfmerkmal	Maßangabe nach Zeichnung	Grenzabmaße in mm	Toleranz in mm	Prüfmittel

Name | Klasse | Datum

8.12 Notizen

Name	Klasse	Datum

SCHWENKEINRICHTUNG

Lernfeld **9**

Verwendung

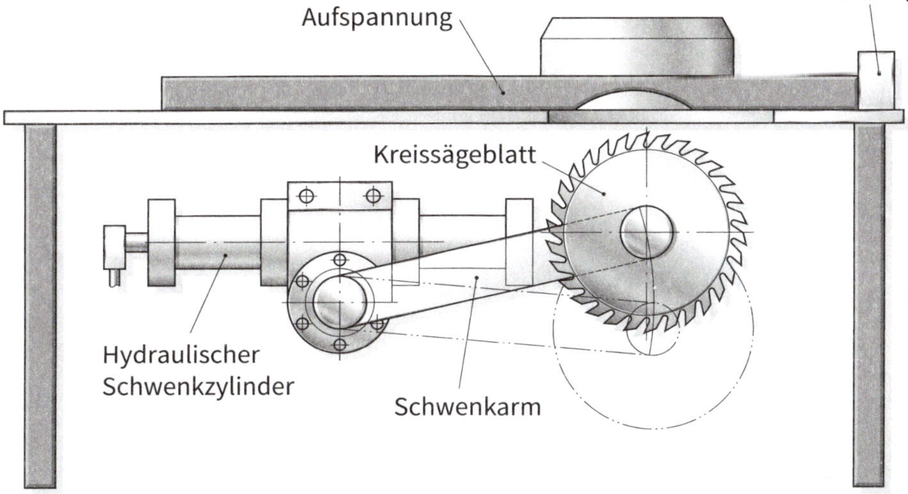

In Möbelplatten werden Nuten mit einem Kreissägeblatt gefräst. Das Sägeblatt wird durch einen Getriebemotor angetrieben. Mit Hilfe einer hydraulischen Schwenkeinrichtung wird die Vorschubbewegung ausgeführt.

Die Kreissäge schwenkt zunächst im Eilgang gegen das Werkstück. Anschließend wird die Nut mit einer einstellbaren Vorschubgeschwindigkeit eingearbeitet. Danach schwenkt das Sägeblatt zurück in Ausgangsposition.

Das nächste Werkstück kann aufgespannt und bearbeitet werden.

Gesamtauftrag

Von dem Bediener der Anlage kommt die Störungsmeldung, dass die Vorschubkraft beim Fertigen der Nuten nicht mehr ausreicht und durch die Säge nur noch geringe Späne abgenommen werden. Die Störungsursache soll ermittelt und die Anlage wieder in Stand gesetzt werden.

Für die Störungssuche und Instandsetzung stehen die Gesamtzeichnung des Schwenkzylin-ders, die Stückliste und der hydraulische Schaltplan zur Verfügung.

Arbeitsaufträge

9.1 Analysieren der technischen Unterlagen

9.2 Fehlersuche in der Anlage

9.3 Analysieren der technischen Unterlagen des Schwenkzylinders

9.4 Instandsetzen der Schwenkeinrichtung

9.5 Einbauen und Inbetriebnehmen der Schwenkeinrichtung

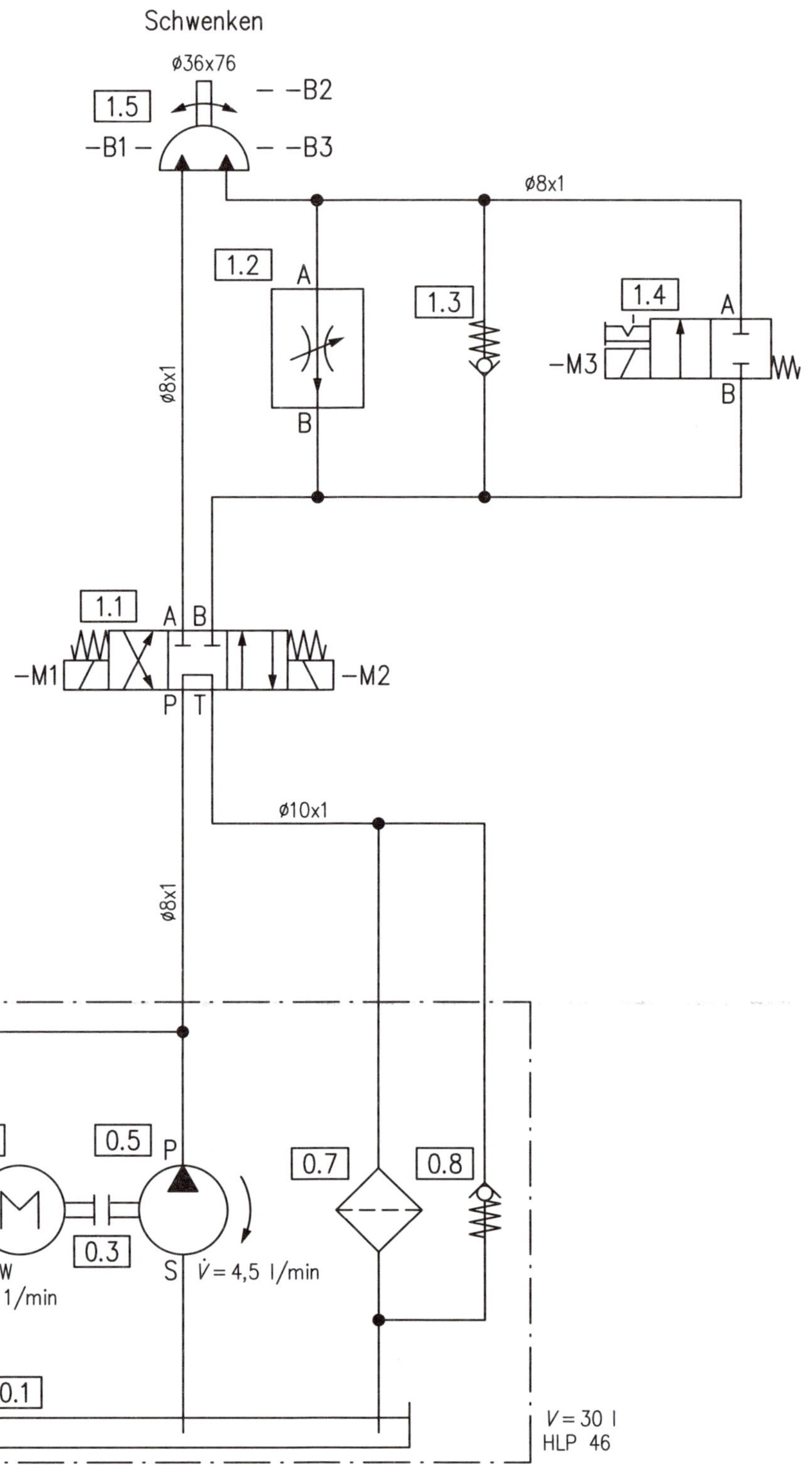

Verantwortl. Abt.	Technische Referenz	Erstellt durch	Genehmigt von	
Berufsbildung		Kaese		

westermann	Dokumentenart Schaltplan	Dokumentenstatus freigegeben		
	Titel, Zusätzlicher Titel Hydraulischer Schaltplan Schwenkeinrichtung			
		Änd.	Ausgabedatum 21.06.2017	Spr. de	Blatt 1/2

Analysieren der technischen Unterlagen

1. Beschreiben Sie anhand der technischen Unterlagen (Anordnungsplan und Hydraulikplan) den Energiefluss der Schwenkeinrichtung. Beginnen Sie mit dem Elektromotor im Hydraulikaggregat.

2. Beschreiben Sie, auf welche Weise der Schwenkarm mit dem Schwenkzylinder und das Sägeblatt mit dem Getriebemotor gefügt sind. Welche Anforderungen werden an die jeweilige Verbindung gestellt?

Name	Klasse	Datum

9.1 Analysieren der technischen Unterlagen

3. Benennen Sie die Bauteile der hydraulischen Schaltung und beschreiben Sie deren grundsätzliche Aufgabe.

Benennung	Aufgabe
0.1:	
0.2:	
0.5:	
0.4:	
0.6:	
0.7:	
0.8:	
1.1:	
1.2:	
1.3:	
1.4:	
1.5:	

Name Klasse Datum

4. Welche Aufgaben haben die Sensoren -B1, -B2 und -B3?

5. Welches Drehmoment in Nm muss der Schwenkzylinder liefern, wenn für das Sägen eine Vorschubkraft von 700 N erforderlich ist? Der Schwenkarm hat eine Länge von l = 250 mm.

6. Am Zahnrad soll ein Drehmoment von 175 Nm wirken. Welche Kraft muss durch die Zahnstange aufgebracht werden? Das geradverzahnte Zahnrad besitzt 27 Zähne, der Modul beträgt 2 mm.

Name	Klasse	Datum

9.1 Analysieren der technischen Unterlagen

7. Welche Geschwindigkeit erreicht die Zahnstange, bei einem Volumenstrom von $\dot{V}$ = 4,5 l/min? Der Zylinderdurchmesser beträgt 36 mm.

8. Berechnen Sie die hydraulische Leistung der Pumpe 0.3 und den Wirkungsgrad der Pumpe aus den angegebenen Werten im Hydraulikplan.

Name	Klasse	Datum

9. Zur Überwachung der hydraulischen Anlage wird der hydraulische Druck vor und nach dem Zylinder erfasst. An der Messstelle 1 vor dem Zylinder wird der Druck p_1 = 110 bar und an der Messstelle 2 nach dem Zylinder wird der Druck p_2 = 30 bar gemessen.

   Welches Drehmoment wird mit den Drücken an der Welle des Schwenkzylinders erreicht?

   Berechnen Sie zunächst die Kraft, die in der Zahnstange wirkt. Hierzu müssen die beiden Drücke vor und nach dem Zylinder beachtet werden. Ein Wirkungsgrad von 80 % ist zu berücksichtigen.

10. Wie hoch sind die Druckverluste in Prozent, wenn am Druckbegrenzungsventil 120 bar eingestellt sind, am Zylinder jedoch nur noch 110 bar anliegen?

Name | Klasse | Datum

9.1 Analysieren der technischen Unterlagen

11. Damit es nicht zu Verwirbelungen (turbulenter Strömung) im Hydrauliköl kommt, sollen in den Rohrleitungen die folgenden Strömungsgeschwindigkeiten eingehalten werden:

    Saugleitung: 1 m/s, Rückleitung: 2 m/s und Druckleitung: 4 m/s.

    a) Überprüfen Sie, ob die vorgeschriebenen Werte für die Druck- und Rückleitungen eingehalten werden.

    b) Bestimmen Sie die Abmessungen der Saugleitung.

Name	Klasse	Datum

Fehlersuche in der Anlage

1. Welche sicherheitstechnischen Maßnahmen müssen Sie vor der Fehlersuche an der Kreissäge durchführen?

2. Nennen Sie mögliche Fehlerursachen für die Störung an der Kreissäge. Nennen Sie Inspektionsmaßnahmen, mit denen Sie den jeweiligen Fehler feststellen können. Unterteilen Sie dabei die Gesamtanlage in die beiden Teilsysteme Hydraulikanlage und mechanisches Teilsystem.

Mechanisches Teilsystem:

Fehlerursachen	Inspektionsmaßnahmen

Name | Klasse | Datum

9.2 Fehlersuche in der Anlage

Hydraulikanlage:

Fehlerursachen	Inspektionsmaßnahmen

3. Beschreiben Sie, wie Sie die Druckanzeige des Manometers 0.6 überprüfen können.

Name	Klasse	Datum

4. Die Kraftübertragung von der Zahnstange zum Sägeblatt erfolgt über kraft- und formschlüssige Verbindungen. Diese Verbindungen könnten die Ursache für die Störung sein. Beschreiben Sie die Art der Verbindung (kraftschlüssig oder formschlüssig) und benennen Sie den möglichen Fehler, der bei dieser Verbindungsart auftreten kann.

Art der Verbindung	Fehlerursache

5. Zur weiteren Untersuchung der hydraulischen Anlage wird vor und nach dem Schwenkzylinder der hydraulische Druck während der Verfahrbewegung im Vorschub gemessen.
Der Druck an der Messstelle 1 vor dem Zylinder beträgt $p_1 = 110$ bar und an der Messstelle 2 nach dem Zylinder $p_2 = 30$ bar.
a) Warum ist der Druck an der Messstelle 1 grundsätzlich geringer als der am Druckbegrenzungsventil 0V1 eingestellte Druck?
b) Wie ist der Druck an der Messstelle 2 zu erklären?
c) Welche Fehler könnten die Ursache für einen überhöhten Druck an der Messstelle 2 sein?

Name	Klasse	Datum

9.2 Fehlersuche in der Anlage

6. Es wird vermutet, dass Dichtungsprobleme am Schwenkzylinder zur Verringerung der Vorschubkraft führen. Beschreiben Sie eine Möglichkeit zur Lokalisierung und Ermittlung der defekten Dichtung.

7. Bei der Fehlersuche in der Anlage wurden Leckagen am Schwenkzylinder festgestellt. Das Öl tritt im Bereich der Welle, vermutlich am Radialwellendichtring, aus.
   a) Geben Sie mögliche Ursachen dafür an.
   b) Formulieren Sie einen Instandsetzungsauftrag mit einer Schadensvermutung.

Name Klasse Datum

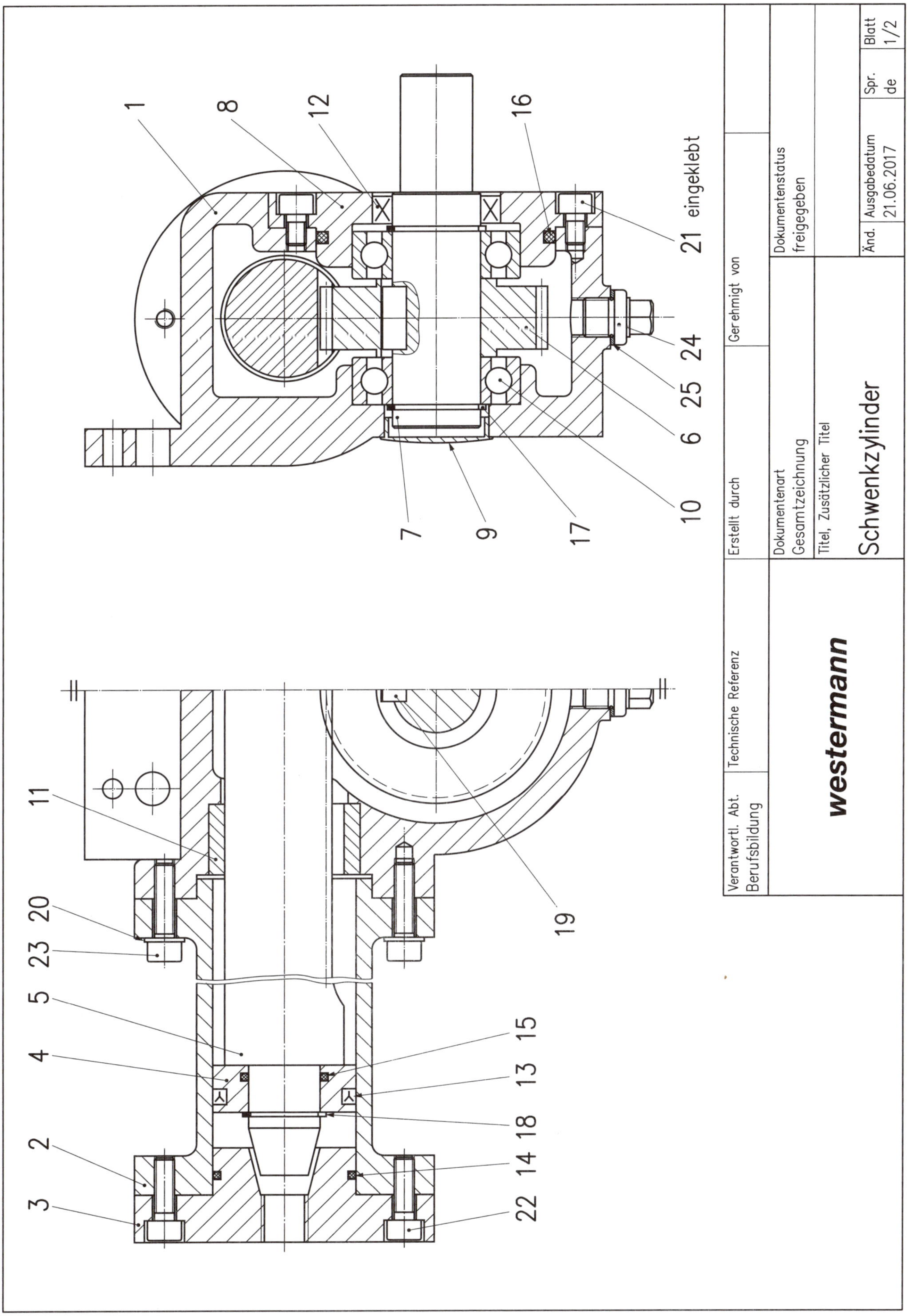

Name Klasse Datum

9.3 Analysieren der technischen Unterlagen des Schwenkzylinders

1	2	3	4	5
Pos.	Stück	Benennung	Sachnummer/Norm-Kurzbezeichnung	Halbzeug bzw. Bemerkung
1	1	Gehäuse		EN-MCMGAl8Zn1
2	2	Zylinder		C45
3	2	Zylinderdeckel		S235JR
4	2	Kolben		34CrMo4
5	1	Zahnstange	$m = 2$ mm	C45
6	1	Zahnrad	$m = 2$ mm, $z = 27$	C45
7	1	Welle		C45
8	1	Gehäusedeckel		S235JR
9	1	Verschlusskappe		Bestellteil
10	2	Rillenkugellager	DIN 625-1 – 6004	
11	2	Buchse	ISO 4379 – C 30x38x18	CuSn8
12	2	Radialwellendichtring	DIN 3760 -A – 22x32x7	NBR
13	2	Nutring	DIN 625 – 6201	Bestellteil
14	2	O-Ring	ISO 3601-1 – 124 B – 31,51x2,62	NBR70
15	2	O-Ring	ISO 3601-1 – 114 B – 15,54x2,62	NBR70
16	2	O-Ring	ISO 3601-1 – 227 B – 55,13x3,53	NBR70
17	2	Sicherungsring	DIN 471 – 22x1,2	
18	2	Sicherungsring	DIN 471 – 16x1	
19	1	Passfeder	DIN 6885 – A 6x6x16	
20	12	Scheibe	ISO 7090 – 5 – 200HV-A4	
21	6	Zylinderschraube	ISO 4762 – M5x8	8.8
22	12	Zylinderschraube	ISO 4762 – M5x16	8.8
23	12	Zylinderschraube	ISO 4762 – M5x20	8.8
24	1	Verschlussschraube	DIN 910 – M10x1	
25	1	Dichtring		Bestellteil

Verantwortl. Abt. Berufsbildung	Technische Referenz	Erstellt durch	Genehmigt von	

westermann	Dokumentenart: Gesamtzeichnung	Dokumentenstatus: freigegeben
	Titel, Zusätzlicher Titel: Schwenkzylinder	Änd. / Ausgabedatum: 21.06.2017 / Spr.: de / Blatt: 2/2

Name Klasse Datum

Analysieren der technischen Unterlagen des Schwenkzylinders

1. Beschreiben Sie die Energie- und Bewegungsübertragung im Schwenkzylinder.

2. Welche Aufgabe haben die beiden Buchsen (Pos. 11)?

3. Welche Dichtungen sind in dem Schwenkzylinder eingebaut? Geben Sie an, ob es sich jeweils um statische oder dynamische Dichtungen handelt und welche Funktion sie haben.

Dichtung	Dichtungsart	Funktion

Name	Klasse	Datum

9.3 Analysieren der technischen Unterlagen des Schwenkzylinders

4. Beschreiben Sie, wie die sich bewegenden Bauteile im Gehäuse (Pos. 1) geschmiert werden.

5. Warum besitzen die Zylinderdeckel (Pos. 3) eine kegelförmige Bohrung und die Zahnstange (Pos. 5) ein kegeliges Ende?

6. Entschlüsseln Sie die Normkurzbezeichnung für folgende Normteile:
   a) Rillenkugellager (Pos. 10)
   b) Radialwellendichtring (Pos. 12)
   c) O-Ring (Pos. 15)

Name	Klasse	Datum

Instandsetzen der Schwenkeinrichtung

1. Welche Vorbereitungen müssen Sie treffen, um einen zügigen Arbeitsablauf bei der Instandsetzung zu gewährleisten?

2. Beschreiben Sie den Ausbau des Schwenkzylinders aus der Hydraulikanlage.

3. Geben Sie alle Bauteile an, die bei der Instandsetzung der Schwenkeinrichtung mit auszuwechseln sind. Begründen Sie die Vorgehensweise.

Name	Klasse	Datum

9.4 Instandsetzen der Schwenkeinrichtung

4. Vor der Demontage des Schwenkzylinders ist das Getriebeöl abzulassen. Beschreiben Sie das Ablassen und die Entsorgung des Getriebeöles.

5. Beschreiben Sie das Auswechseln der Nutringe (Pos. 13).

6. Welche Sichtkontrollen sind an den Zylinderbauteilen notwendig, damit die Montage der Nutringe (Pos. 13) fachgerecht durchgeführt und eine wirkungsvolle Abdichtung erreicht werden kann?

7. Beschreiben Sie das Auswechseln der O-Ringe (Pos. 14).

Name	Klasse	Datum

8. Um die Ursachen für die Leckage zu ermitteln, ist der Schwenkzylinder vollständig zu demontieren. Erstellen Sie einen vollständigen Demontageplan, um auch die Verschleißteile auszuwechseln.

Demontageplan – Schwenkzylinder

Lfd. Nr.	Arbeitsvorgang	Arbeitsmittel	Arbeitswerte/ Bemerkungen

Name | Klasse | Datum

9.4 Instandsetzen der Schwenkeinrichtung

9. Nach der Demontage sollen die Bauteile auf Verschleiß untersucht werden. Nennen Sie mindestens drei Bauteilpaarungen, die einem erhöhten Verschleiß unterliegen. Geben Sie auch die Ursachen dafür an.

Bauteilpaarungen	Verschleißursachen

10. Bei der Montage stellen Sie fest, dass die Gleitflächen der Buchsen (Pos. 11) stark verschlissen sind.
    a) Erklären Sie die Ursachen für den Verschleiß.
    b) Durch welche Maßnahmen könnte der Verschleiß vermindert werden?

11. Mit welchem Anziehmoment sind die Zylinderschrauben (Pos. 22) festzuziehen, wenn die Schrauben leicht geölt verschraubt werden?

Name	Klasse	Datum

12. Nach der Montage des Schwenkzylinders ist das Zahnstangengetriebe mit Getriebeöl CLP 680 aufzufüllen. Entschlüsseln Sie die Bezeichnung für das Getriebeöl.

13. Beschreiben Sie die Montage des Radialwellendichtringes (Pos. 12).

14. Weshalb sollte ein Radialwellendichtring und die zugehörige Lauffläche vor der Montage eingefettet werden?

15. Planen Sie notwendige Funktionskontrollen des Schwenkzylinders vor dessen Wiedereinbau in die Kreissäge.

Name	Klasse	Datum

9.4 Instandsetzen der Schwenkeinrichtung

16. Erstellen Sie einen Montageplan für den vollständigen Zusammenbau des Schwenkzylinders.

Montageplan – Schwenkzylinder			
Lfd. Nr.	Arbeitsvorgang	Arbeitsmittel	Arbeitswerte/ Bemerkungen

Name	Klasse	Datum

Einbauen und Inbetriebnehmen der Schwenkeinrichtung

1. Geben Sie die Schritte für den Einbau der Schwenkeinrichtung und die Inbetriebnahme der Kreissäge an.

2. Wie gehen Sie beim Entlüften des Hydraulikzylinders vor?

3. Wie wirkt sich eine unvollständige Entlüftung der Hydraulikanlage im Betrieb aus?

Name	Klasse	Datum

9.5 Einbauen und Inbetriebnehmen der Schwenkeinrichtung

4. Beim Ausbau des Schwenkzylinders wurde eine Rohrleitung beschädigt, so dass sie erneuert werden muss. Die Leitung wird mit einer Schneidringverschraubung an der Einschraubverschraubung des Zylinders geschraubt.
   a) Geben Sie die normgerechte Bezeichnung für die zu erneuernde Rohrleitung aus E235 an.
   b) Beschreiben Sie das Herstellen der Schneidringverschraubung.

5. An welchen Bauteilen stellen Sie den Weg für die Schwenkbewegung des Schwenkarms ein?

6. Beim Testlauf wird festgestellt, dass die Nuttiefe in den Möbelplatten um 2 mm zu tief ist. Geben Sie dafür die Ursache und die notwendigen Änderungsmaßnahmen an.

7. Bei der Inbetriebnahme ist die Vorschubgeschwindigkeit beim Schwenken einzustellen. Erläutern Sie, wie Sie beim Einstellen der Geschwindigkeit vorgehen.

Name	Klasse	Datum

8. Die Inbetriebnahme des Schwenkantriebs ist in einem Protokoll zu dokumentieren. Ergänzen Sie das Abnahmeprotokoll um vier weitere durchzuführende Inbetriebnahmeschritte.

Abnahmeprotokoll

Lfd. Nr.	Inbetriebnahmeschritt Funktion/Bauteile	i.O.	n.i.O.	Bemerkungen/ Maßnahmen	Prüfer/Datum
1	Vorschubweg geprüft	X			

9. Eine Instandhaltung ist erst dann abgeschlossen, wenn die durchgeführten Arbeiten dokumentiert wurden. Ergänzen Sie die Maschinenstörungsliste für die Kreissäge.
(Hinweis: Die Demontage des Schwenkzylinders ergab als Störungsursache einen verschlissenen Nutring.)

Maschinenstörungsliste: Kreissäge für Möbelplattennuten

Lfd. Nr.	Datum/ Uhrzeit	Störung	Ursache	Fehler-index	behoben durch	Maßnahme
10	23.03.2017	Vorschubkraft zu gering	Druckbegrenzungs-ventil falsch eingestellt	H	Instandhaltung	Ventil gewechselt
11	01.04.2017	Sägezähne ausgebro-chen	Säge stumpf	M	Bediener	Sägeblatt gewechselt

Fehlerindex: A = Arbeitsergebnis falsch, M = mechanischer Fehler, E = elektrischer Fehler, H = hydraulischer Fehler, B = Bedienfehler

10. Beschreiben Sie die Aufgaben der Instandhaltungsdokumentation.

Name Klasse Datum

9.5 Einbauen und Inbetriebnehmen der Schwenkeinrichtung

11. Welche Instandhaltungsstrategie wurde beim Instandsetzen der Schwenkeinheit angewandt? Geben Sie Vor- und Nachteile der Strategie an.

12. Von welchen Gesichtspunkten hängt die Wahl einer geeigneten Instandhaltungsstrategie ab? Nennen Sie vier Gesichtspunkte und erläutern Sie einen dieser Punkte genauer.

Name	Klasse	Datum

Notizen

Name | Klasse | Datum

Notizen

Name Klasse Datum